U0162103

花也

恋恋香草香

01-02 M
庚子年
总第六十一辑

花也编辑部 编

中国林业出版社
China Forestry Publishing House

恋恋香草香

总策划：《花也IFIORI》编辑部

顾问｜吴方林 兔毛爹
编委｜蔡丸子 马智育 米米 mimi– 童

主编｜玛格丽特–颜
执行主编｜广广
副主编｜小金子
撰稿｜兔毛爹 药草老师 锈孩子
玛格丽特–颜 晚季老师 Chloe
花田小憩 海螺姐姐 猫猫 阿桑
Chris 糖糖 赵芳儿
编辑｜石艳 崇崇 雪洁 亭子
美术编辑｜张婷
校对｜田小七

商务合作 15961109011

花也合作及支持　中国林业出版社
江苏源氏文化创意有限公司
江苏尚花坊园艺有限公司
陌上花论坛
《花卉》杂志
溢柯庭家

看往辑内容及最新手机版本
扫二维码
关注公众号"花也IFIORI"

更多信息关注

新浪官方微博：@花也IFIORI

花也俱乐部 QQ 群号：**373467258**
投稿信箱：**783657476@qq.com**

责任编辑｜印芳 邹爱

中国林业出版社·风景园林分社

出版｜中国林业出版社
(100009 北京西城区刘海胡同 7 号)
电话｜010–83143571
印刷｜北京雅昌艺术印刷有限公司
版次｜2020 年 3 月第 1 版
印次｜2020 年 3 月第 1 次印刷
开本｜787mm×1092mm 1/16
印张｜8
字数｜180 千字
定价｜58.00 元

图书在版编目（CIP）数据

花也 . 恋恋香草香 / 花也编辑部编 . —— 北京：
中国林业出版社，2020.2
ISBN 978-7-5219-0495-6

Ⅰ . ①花… Ⅱ . ①花… Ⅲ . ①花园—园林设计 Ⅳ .
① TU986.2

中国版本图书馆 CIP 数据核字 (2020) 第 028849 号

004

048

103

Contents

威斯利花园里的香草园

幽幽香草香

文·Chris 图·玛格丽特－颜

香草带给人们无限启发，一系列与香草相关的生活方式由春天开始，循环往复，四时不停歇。提前规划好一年的香草花园计划，因时播种、买苗，后续你将源源不断地坐收香草带来的红利。

牛至   荆芥和大花葱

在找到适合自己所在地气候种植的香草以后，春天便可以着手种植了。买苗、播种均可，来源可以是市集上购买的，网购的，或者朋友间交换互赠的。买苗要关注植株的健康度，查看叶片，虽说绝大多数香草不受虫害病害的侵扰，但破损的叶片暗示一定问题的存在。此外，还需观察植株的根系。根系缠绕在盆器底部表明植株可能在育苗盆里待得太久，种植前需轻轻梳理被挤压的根系团。

香草偏好排水性好的土壤，那么在你拿不定主意的时候，选择全能型盆栽专用土就好了，特别是需要将它

们以盆栽或抬高式苗床的形式种植时。购买现成的品牌土或者自行混合，方法是将等比例的泥炭土、表层土、堆肥、珍珠岩和砂进行混合，拌出轻质、保湿、排水性能良好的混合物。很多香草适宜原产地当地粗糙的砂质土，比如地中海地区的薰衣草和迷迭香，这部分香草将受益于在种植穴里撒入砂砾和细腻的石灰岩，以促排水。

都市人更容易实现的香草种植方式为盆栽，买回来的盆栽苗有大有小，有7~10厘米的盆栽小苗，也有装在夸脱或加仑盆中的多年生香草。但不论什么尺寸，盆栽香草的方法都是相

薄荷和树皮覆盖物   茴香

同的。事先挖好坑，头朝下从原盆中倾倒出植株，有必要的话挤压原盆器疏松植株便于取出，而生拉硬拽可能导致植株受损。将植株放入新盆器坑内再回填土壤。轻柔地夯实土壤，浇透水。

若采用播种的方式，春天天一暖和即可开始（温暖地区可秋播）。给种植区域掺入堆肥，疏松土壤，使用园艺耙梳理该片区域。按照香草种子包装上的说明操作，给种子覆盖薄薄一层土壤，每天浇水直至种子破土发芽。种完不是就完事了，需要在植株间铺入5~10厘米介质为树皮碎屑、树叶碎屑和可可壳的覆盖物，起到保湿、抑制杂草的作用。这些覆盖物与植株要保持5~10厘米距离，保证不阻碍根系接触到水和空气。铺好覆盖物后要浇水，特别是干的覆盖物，浇水可以保持覆盖物在大风天气里不移位。

在温度会降至零下的北方地区，至于你想保留娇嫩的多年生香草至来年，那么最好的方式也是盆栽。像多年生香草中的迷迭香和柠檬马鞭草夏天在户外盆栽的表现非常好，当暖和天气结束时便于转入室内。从春季的分株中我们也能获得更多香草新植株，与他人分享。分株操作很简单，第一步用小铲子在植株周围先挖出一条沟，再向根部深挖，松动植株。第二步轻轻起出植株，用铲子的尖部从底部分离植株的根系，最后，将大的植株手动分割成几组小的，遇到大的根团的分割就需要用到铲子或刀具。

香草因种类高矮不等，作为花园植物栽入花境时要注意与其他花草的搭配，即便远距离眺望，香草花园也呈一派葱郁浓密的景象，愉悦人的五感。古代人早早就发现了香草的好处，善用它们研制药物、佐味，或单纯用

芳香天竺葵　　　　　　　　　　　　　　　河马花园的匍匐百里香　　　　　　　虾夷葱

羽叶薰衣草

做园艺上的欣赏。基于花园设计,它们拥有固定的"理想搭档",相互衬托对方的美。譬如说莳萝和细叶芹,一个长而尖,一个呈羽状,搭起来很好看;艾菊和独活草都是高个子,种在一起艾菊的深绿色叶和黄花衬着独活草平平的绿叶构成反差;同是低矮型的银斑百里香和匍匐百里香,叶色不同,搭在一起会形成色差美。

单就不同的种类,香草次序迎来各自的生长期。早春,虾夷葱的小苗如春笋般从地里冒出头来,与同样第一时间回应大地春归的早花郁金香相遇在微凉的气息里。蕾丝花边状的茴香与三色堇同一时间出现在花园里传播喜悦的消息。多年生香草冬天不会消亡,与早春的球根组合堪称一景——木质茎薰衣草向洋水仙、匍匐百里香、番红花频频点头,鼠尾草跟绵枣儿属看起来很登对。等再暖和些,自播的按钮被按下,莳萝和芫荽的萌芽拦都拦不住,香草的旺盛生命力展露无遗。

专供食用的香草,春季里的味道最为鲜美,天气越暖阳光越足,它们生长速度就越快,很快就能供应厨房。这时候起我们就真正实现"香草自由"了,随用随取,素材新鲜。事实上,定期采摘香草叶片也是在帮助刺激新叶生发。这由香草的特性所决定——越采越有,使人产生富足感。

香草的生活妙用

香草花篮伴手礼

准备一个好看的篮筐，装上花园里采集的薰衣草、百里香、三色堇，再附上一张亲笔写下的问候卡片。香草散发的清香间满是你浓浓的情意。

香草花束

用开花类香草，如洋甘菊和薰衣草制作出来的桌面花艺，不仅漂亮，而且芳香。其他芳香四溢的香草，如带香味的天竺葵，其花和叶都是制作留香持久花束的上好素材，再搭配同样芳香、叶片有型的艾叶、茴藿香叶或香蜂叶。

香草奶酪

几乎用任何可食用香草皆可做出美味的香草奶酪，欧芹、细香葱、莳萝、韭菜、龙蒿、细叶芹等等。混合 60g 黄油与 10g 剁碎的新鲜香草，室温下静置 30 分钟，将黄油涂抹到面包或饼干上食用，也可以与煮熟的玉米棒子、烹饪过的蔬菜或者意大利面一同食用，味道香极了。香草同样可以加入到软质奶酪里食用，比如常见的意大利乳清干酪、奶油干酪和山羊奶酪。将奶酪拿到室温下静置变软，添入切碎的香草和硬质乳酪（车达芝士）碎屑，给奶酪重新塑形，弄成球状、段状或三角块状，食用前先冷藏。

冰镇薄荷酒

采摘新鲜薄荷叶酿造薄荷酒，刷新味觉记忆。在细口玻璃杯中放入碎冰，兑入 30g 薄荷糖浆（配方见下），如果是做鸡尾酒则可以多放一些糖浆，调配口感略甜的味道。轻轻搓揉 2~4 枝薄荷枝放入，兑入 50~65ml 波旁威士忌，搅匀，在杯口点缀上薄荷枝享用。

* 薄荷糖浆配方：在一只小碗里给 160g 糖添入 115ml 煮沸的开水，搅拌至糖溶解。拌入 40g 新鲜薄荷叶，密封冷藏至少 4 小时，然后取出，用筛子过滤掉薄荷叶。做好的糖浆需密封冷藏保存，保质期可达两周。花

香草界的有机天然好搭档

鼠尾草与花椰菜

鼠尾草与花椰菜、卷心菜、菜花搭配种植，可消灭菜蛾、黑色跳甲。

牛膝草与卷心菜

在卷心菜和甘蓝周围种上牛膝草可赶走菜蛾。

金盏花与番茄

金盏花可以帮助消灭线虫、蚜虫、粉虱和天蛾，拯救番茄。

细叶芹与小萝卜

将细叶芹种植在小萝卜或胡萝卜附近可改善块茎作物的风味。

虾夷葱与胡萝卜

在胡萝卜与番茄周围种植虾夷葱亦能起到同样改善口感的作用。

大蒜与玫瑰

这组合简直就是"美女与野兽"，不过大蒜能够驱赶滋生在玫瑰上的细小蚜虫。

无处不在的风味香草

文/图 • Chloe

夏天里的香草

紫叶罗勒　甜罗勒　莳萝　牛至　旱金莲　直立迷迭香　留兰香薄荷　皱叶欧芹　牛至　阔叶百里香　柠檬香蜂草　鼠尾草　法国百里香

香草的历史源远流长，四大文明古国都是最早应用香草的国家。而香草与美食更是有着妙不可言的密切联系，或清凉提神，或馥郁甜蜜，或辛辣中夹带特有的气味，看似不起眼的香草挑逗着我们的味蕾。香草味冰淇淋、香草味糕点饼干、香草味饮品……人间饮食样样离不开香草的调剂。

　　说起香草，我在大学时期开始对它们产生浓厚的兴趣，尽管香草在众多园艺花草中外貌很不起眼，却有着迷人的香气和功效，刺激感官的同时，又可为食物增香添彩。

　　香草曾经是人们日常生活中重要的一部分，身体出了一点小状况，就可以从"百草医药箱"——香草来解决。比如最近口气不太好闻，嚼一点欧芹叶；宿醉过后，泡一点迷迭香水喝；消化不良，来几片薄荷叶；紫色鼠尾草还可以用来染发，做彩色墨水。对于人类的祖先来说，香草就像是山野路边开满了各种店铺一样，只不过这些曾经的常识已被人们慢慢地遗忘了，以至于这些久远的"常识"反倒成了香草在人们心中神秘魅力的所在。

　　在西方料理中，烹饪肉类并不用酱油这类重盐上色的调味品，更多使用的是健康的香草来提味，香草的加入可以让食物凸显浓郁的地方味道。不同于切花和果蔬，香草的最大优点就是栽种下后，一旦发芽，就可以采摘使用。香草的种类众多，生活的各方各面都能用到它们。这里跟大家介绍我个人认为最具实用性，也最好养的三种香草，以及我使用它们做出的美食。如果你一盆都没有，强烈推荐先从这三盆开始香草之旅哦。

欧芹北非蛋

各种香草

奶油百里香炖青口贝

百里香

　　我家的百里香是靠播种得来的，小小的一粒种子长成了茂盛的一大片。百里香很皮实，雪天露地过冬没问题。耐踩踏的特性使得它们适合在石阶、花境做边缘过渡型植物，会开可爱的淡紫色小花，适合制作汤羹和肉类。我喜欢将百里香与牛肉、青口贝等食材搭配，就着青口贝、奶油、白葡萄酒一起炖，加上新鲜的百里香枝，那鲜美妙不可言。另外，百里香小饼干也非常受欢迎，除了百里香，迷迭香也很适合用在饼干里，香草与黄油的完美融合，让酥脆轻盈的小饼干有了不寻常的香气，一口一口停不下来。

香草饼干

炖牛肉

迷迭香

　　耐寒的多年生常绿灌木迷迭香，叶片浓密，气味浓烈。在波斯风格的花园里，常见到用迷迭香修剪的绿篱，走过之处，衣袖沾香。我家的迷迭香是用在市场买的鲜迷迭香枝条扦插而来的，当时买的太多吃不完，就插水里放在了厨房窗台上，后来枝条长出根，直接移进土里，越长越大，现在已经度过了三个冬天，一直源源不断地提供给我们新鲜的食材。迷迭香非常适合与牛羊肉搭配，做法是用红酒提前腌好牛肉，加入胡萝卜等块根蔬菜和几枝迷迭香、几粒黑胡椒，小火炖煮。迷迭香的味道提升了整道菜的香气，口感更丰富，值得一试。

罗勒种荚花束

罗勒越南牛肉粉

罗勒卡布里沙拉

紫叶罗勒

香草醋腌菜

香草醋腌蒜

青酱意面

罗勒

　　罗勒家族庞大，品类繁多，但区别不明显，选几种你喜欢的种植就好。由于是一年生植物，一般种子播种的出芽率很高。或许是罗勒格外适合我家环境，其自播能力非常强，经常能在花坛里发现罗勒小苗。我种的是甜罗勒和紫叶罗勒，甜罗勒有着圆鼓鼓的叶片，味道温和，而紫叶罗勒味道强烈。青酱意面是我爱吃的一道菜，青酱也是制作简单且美味的家庭常备酱。只要备齐四样基本的材料就可以自制青酱，这几味材料是罗勒、坚果（一般使用松子，核桃、杏仁、腰果也可以代替）、帕玛森奶酪和橄榄油。摘取一盆新鲜的罗勒叶，把所有材料搅拌打成酱拌进意大利面里，美味就出锅了。除此以外，罗勒也是做意式卡布里沙拉的必备食材。

关于香草的保存方法也很多元，目的就是为了一次使用不完，保存好了拿出来下次还能继续使用。除了常见的风干切碎保存法，还有很多其他方法，这些方法对开发香草的更多用途具有促进作用。

蜂蜜浸渍法

像薄荷、柠檬香蜂草这类冬天枯萎的香草，可以采取蜂蜜浸渍的方法储存。采集香草叶片放入玻璃罐，倒入蜂蜜，盖上盖子放在冰箱里即可。蜂蜜富含糖分，可保持叶片新鲜嫩绿，取出挖一勺泡水，就是一杯沁人心脾的香草茶饮。

冰块法

冻冰块是常用的香草保存方法。一般取橄榄油或清水作为介质，把叶片放入冰格，倒入橄榄油或水直接冷冻保存，冻出来的冰块具有超高的颜值，随用随取。用橄榄油冷冻还有一个好处，那就是可以直接丢进锅里使用，或者放入滚热的土豆泥搅拌调味，香味浓郁。

油浸法

自制香草风味橄榄油就是把新鲜的香草枝条直接塞入油瓶中，橄榄油会沾染上香草的气味，特别适合调沙拉。我喜欢使用迷迭香、蒜头和胡椒粒。当然你也可选用百里香等其他香草。

香草是极其美妙的一类植物，烹饪、药用、熏香等，使用方法诸多。有人说：是人类给这些植物赋予了第二属性，让它们为我们的生活增香添彩，但我想，也许是上帝为了眷顾感官匮乏的人类而创造了香草吧。🌸

牛至：人间烟火的味道

文·糖糖　图·糖糖、玛格丽特·颜

夏天里的香草

香草是上天赐予人类的福泽，救苦救难的良药。历史上的著名香草——牛至是诗人笔触的灵感，大厨料理的灵魂。它浪漫、热烈的气息正是人间烟火的味道，最抚凡人心。

花与叶之间层叠的苞片是最大的看点。

一个潮湿阴冷的下午，时值新型肺炎疫情高峰期。足不出户的日子，突然对下厨有了一份难得的热情，想给儿子换个口味，晚餐做他喜欢的意大利面。我从橱柜的最上层翻出了一瓶尚未开封的干牛至叶碎，揭开密封盖时，一股异香弥漫开来，夹杂着一点胡椒的香辛，还有一种难以形容的阳光与海水糅合的味道。那是地中海的味道，复杂且有层次，热烈而且甜，恰是需要的温暖气息。

其实新鲜的牛至是平凡无奇的一味香草，广泛分布于欧洲、非洲北部和亚洲，在我国两江、两广、云贵川、新疆、甘肃等地均有大量野生。对环境要求不高，如山坡上的野草，它们却拥有一个古老而贴切的希腊名字"oros ganos"，意为"山峦的喜悦"。

古希腊人相信，牛至的独特气息是主掌爱与美的女神阿芙罗狄忒赋予的。

早在公元前，世界医药之父希波克拉底就发现了牛至的抗菌作用，用于治疗呼吸和消化疾病。东汉时期，牛至成为我国民间常用的中草药。当牛至随着罗马人征战的足迹遍布欧洲，14 世纪，黑死病肆虐时，众多病人通过牛至才能得以痊愈。

这古老的植物，是来自山峦的喜悦，亦是天然的保护神。

牛至是浓烈的，性凉，微苦，初尝透着胡椒般的辛辣，回味中带有芬芳的甘甜，如奔放洒脱的初夏，有热烈的空气和自由的风。

在罗马和希腊人的传统婚礼上，新婚夫妇会头戴牛至枝叶编成的花环，接受来自山峦与上天的祝福，预示生活充满芬芳和馥郁。

粗糙的叶脉里透着人间烟火的味道，最抚凡人心。

所谓告白，所谓陪伴，不过是寻常的一蔬一饭，这温暖踏实的味道关乎最真实的生活，恰是余生最长情的烟火。当山盟海誓化作柴米油盐，同样能演绎出爱情史诗一般的高潮迭起。

葡萄牙女诗人索菲娅·安德雷森曾写道：真实的生活是一扇窗的角度，街道的共鸣，城市和房间，星辰的寂静，距离和明亮，夜的呼吸，椴树和牛至的气息。

从蓝白相间的圣托里尼小镇，到土石色城墙的伊斯坦布尔，从意大利 Marinara 到基础料理 Stuffing，调配鲜红的番茄酱汁、清脆的希腊沙拉、浓郁的意大利披萨、外焦里嫩的烤鱼和羊肉，牛至独有的芳香、辛辣与回甘，透着烟火气，接着地气，也成就了地中海菜系的底味。

造物者赋予牛至独特的味觉，但忽略了它们观赏的必要性。直到育种家们接手了植物的演化进程，用科技为它们加持。

于是专为观赏而生的牛至有了美的物理属性，也有了更精妙的名字——肯特美女、折纸画，每一个字都挥发着神奇的化学分子，将姿态、颜色、味道全都传达了出来，又愉悦，又明媚，可感可知，格外让人心心念念。

观赏牛至最美的部分非花非叶，而是花与叶之间层叠的苞片，精巧如玫瑰，又透亮如青玉，脉络清晰，充足的光照和夜间的温差会令青翠的苞片呈现出浅粉至深粉的渐变。真正的花朵是纤小的紫罗兰色，藏在苞片之间，像绽放在生命深处的一朵朵幽兰，吐着一点点的小舌头，被保护得很好，又绽放得很慢。从初夏到秋末，似在最好的年华里遇到最好的他/她，时光安暖而生香，轻言浅笑间，开到荼蘼也是不动声色的缠绵与深情。

鲜活的气息是可以闻得到的，是熟悉的味道，夹杂着一丁点儿泥土的沁人心脾和阳光的明媚安宁，心一下子就回荡起来。这融合了中西文化、穿越了千年时光的香草植物带给我们的不仅是花开之美，还有生活之味。🌸

一座，具有古典主义色彩的城市花园

文／图 · 兔毛爹

地　　点：北京

花园类型：城市花园

花园面积：55 平方米

在阔别了九年之后，我重返了这座城市，并且拥有了一座如此独特的、具有古典主义色彩的城市花园。尽管，它很小很小，但它毕竟是我在这座城市里，第一个带花园的家。

作者兔毛爹是旅行爱好者，摄影爱好者，写作爱好者。

2008～2017年，在"玩"过两次"造园"之后（前者是乡村花园，后者是城市花园），我惊讶地发现：自己又成了园林爱好者和园艺爱好者！我的理性告诉我：人不能有太多的爱好，否则，干什么都不专业，而我的感性告诉我：永远保持好奇，永远做一个"爱好"的爱好者，其实也没什么不好！

仲秋，阳光普照，这样的好天气的确让人"理性"不起来，如是，我坐在窗畔，拿起一支"感性"的笔，慢慢回忆我那些不太专业的"造园"经历，也试着解读：人为什么会有那么多"爱好"与"好奇"。

　　2017 年夏天，我家迁居，从里到外，一片忙乱，新园在缓苗，我和兔毛娘无暇顾及，原以为当年不会有所收获。然而，不知从哪儿刮来一粒种子，未几，成秧，60 日余，竟在秧下结了四个莫知其名的小瓜。秋初，我和兔毛兴高采烈地将这"四瓜"收了，继而坐树下，吹笛、下棋、喝茶聊天儿。

盘中，兔毛问："爹，你说，咱家新花园叫个啥名好呢？"

我反问："你觉得呢？"

她略做迟疑，然后答："我看就叫'四瓜花园'吧！"

我不解，遂问："何出此名"？

兔毛指着刚刚收获的小瓜说："您看，我们居住在此，虽'不劳'却亦有所'收获'，这真是上天对咱家的眷顾呀！所以我决定以'四瓜花园'命名此园，以纪念这次'不劳而获'的幸运！"

我听完如五雷轰顶，却又无言以驳，如是，只好苦着脸默默祝福我家的新园：年年有今日，天上掉"四瓜"！

兔毛所谓的"四瓜花园"，是一座典型的城市花园，和过去住了九年的乡村花园不同，其面积只有55平方米（过去的院子有280平方米）。现代城市，寸土寸金。城中私家花园的面积全都非常局促，且物业管理严格，绝不允许私搭违建。至此，我过去在乡村积累的那些造园经验，比如：大型拱门、木质栏杆的使用等，就全都用不上了。是故，我就不得不重新思考，如何因地制宜，寻找细线条、多变化、且更具现代感的新型材料，去打造一个兼具古典主义风格，又可与这栋相对简约的现代建筑相匹配的——城市花园。

然"造园"不似"种瓜"，绝没有"不劳而获"的可能。此园虽小，却让我付出了更多的艰辛，因为，这里的每一寸土地都要精心布局，每一株植物都要认真取舍。那么，我到底是怎样布局和取舍的呢？一切都要从我与这座花园初相见的，"相地"说起……

「相地」与「测量」
——前期准备工作中的重中之重

　　无论是自然风格的英式花园，还是现代风格的精致花园，其设计的第一步都要从"相地"开始。"相地"一词，出于《园冶》。指的是古人在建造宅邸之前，要踏勘园址，对未来的园林布局制定大致规划的重要过程。古人造园讲究："补风水""培风脉"。即山不够高时，以亭增之，水不够聚时，以疏浚之。或在平地堆山叠石，挖地引水，以作"补景"之用。

　　现代造园，虽受很多条件的局限，已不能像古人那样"为所欲为"了，然而，"相地"一事，亦依旧是设计阶段的重中之重。使用者唯有认真地对自己未来的居住环境做过考察之后，才能对如何利用这块园地，给出客观评判。

　　然而，"相地"绝对不是简单地在花园里走一走，或在花园周边转一转，以期对未来的花园有个大概的了解。正确的方法是：在晴天的时候，找把椅子坐在花园里，认真地记录园中全天的日照分布，以确定哪里是向阳处，哪里是半阴处，以及哪里是全阴处。这样，才可以勘对设计中花园分区的合理性，准确地预留就餐区（应安置在无风处）、凉亭（应安置在全阳处）、犬舍（应安置在半阴的树下）等位置。

　　"相地"的另一个重要作用就是要确立未来花坛和花境的正确走向。花坛和花境位置的确立和园中的光照有着密不可分的关系，房屋南侧的空间，适合大多数植物的生长，因而可以建造大型的花坛或花境。而在阳光不能直射的围墙或格栅旁，则宜种植耐阴的常绿植物或在强光下较容易焦叶的植物（如'无尽夏'绣球等一晒就蔫儿的植物）。

　　浅色的物体可以反射光照，为植物提供足以保持光合作用的柔光，是故，将围墙或格栅刷成白色、浅灰色或淡黄色，是将"阴处"改造为"阳处"的巧妙选择。当然，这种方法并不适合于狭窄的夹道、或者完全背阳的屋檐下，在这些地方就只能选择玉簪、麦冬、虎耳草、蕨类等极耐阴的植物来种植了。具体说到我家花园，在北向全阴的夹道中，我设计了一组中式园林景观，也起到了非常好的效果。

　　我在"相地"的同时还着手对花园进行了测量，并将所得数据和预想的花境位置在草图上标记了下来。这张草图在后来的设计阶段发挥了重要的作用，它帮我准确地回忆起了"相地"时所观察到的所用细节。

阶梯式的布局
——让花园更具立体感

　　关于如何巧妙地增加花园的使用面积，聪明的房地产开发商给我上了重要的一课。他们把小区中所有的私家花园都设计成了坡地状，从而有效地提高了小区的绿地率。但坡地花园使用和打理起来颇为麻烦，如是，小区里99%的住户都把坡地铲平了。这样做既费工又费力，而且，坡地被铲除后，原有的院墙就会显得过高，院内的采光也会受到影响，坐在这样的花园里会有一种"坐井观天"的压抑感。

　　是故，在经过了多次"相地"和与兔毛娘的反复磋商之后，我决定借鉴台地花园的设计方法，将种植区分为上、下两部分，从而形成一个结构均衡的阶梯式花园。

　　阶梯式花园有两大好处：其一，就是把"直路变曲径"。通过改造，园中的步道由原来的简单直线，变成了复杂的U形线，所以漫步其中会感觉步道很长（并被步道引导着以最佳的线路去欣赏园中的美景）。如此，身临其境的人会发现：中途的看点增多了，花园看起来仿佛也比实际面积更大些。其二，使植物分区种植，从而形成情趣不同的两个空间。再小的花园也可被分隔为多个更小的空间，而这些小空间，永远都会比一个"一览无余"的大空间，更能令人产生探索的欲望和无尽的想象。

　　一旦空间分配完毕，就应考虑空间内植物的结构了。依据"近小远大"的花园透视原则，我在靠近客厅的下层花境中选种了三棵骨架植物，即：紫薇、丁香和木本绣球（一高两矮，形成一个稳定三角形），并在其之下，间种了花期不同的球根植物、薄荷、玫瑰、薰衣草、虞美人和天人菊等（其中很多是芳香植物）。下层花境是全园的焦点，这些奇花异葩不仅可以炫目，亦可让我足不出户，就能感受到花之芬芳的扑鼻而来。

　　我在距离客厅较远的上层花境中选种了三种较高大的骨架植物，即：郁李、北美海棠和欧洲荚蒾，在其下，间种了宿根的'银币'绣线菊、'安娜贝尔'以及造型植物欧洲紫柳和紫叶风箱果等。

　　上层花境地势较高，需仰视才见。所以我在配植上尽量选用了白、粉色系的花卉。盛夏，当欧洲荚蒾展颜时，婉约的白色就成了整个花园的底色，任其他娇艳之花与之"碰撞"，从而形成"冰与火""寂之艳"的反差撞色。如此的有序搭配，符合视觉空间递进的原则，亦使整个花园的布局充满了我所满意的立体感。

巧用院墙——让花园更具丰富性

对于小花园来说，院墙的绿饰亦是设计中不可被忽视的环节之一（小花园的院墙面积可能比花园的占地面积还大）。巧用院墙，可以为原本捉襟见肘的方寸之地平添很多妙趣横生的空间，从而使花园更具丰富性。

具体谈到我家：在东墙下，我保留了开发商留下的柏树绿篱。与黄杨相比，柏树绿篱的面积更大，且针叶不易被风抽干，所以阻风性更好，看上去也更干净、整齐。在北方寒冷的冬季，花园里一旦有了这么一道常绿的风景线，就会让原本冷寂的院子变得温暖，有一种刚刚被人打理和照顾过的感觉。

花园应该是四季皆具生命力的所在，所以，就像重视春天的植物架构一样，我亦非常重视其冬季的景观效果，因为，我知道：不管是否走出去看，花园就在我窗外，它是我和家人每天都要面对的风景，无论冬、春！

在绿篱中间，我设计了一座假门，希望以此为"障"，给到访者以更多的想象空间（让他们误认为在此门后，还会有一座更加繁花似锦的秘密花园存在）。这种实中有虚的小技巧，被称作障景，它是我提升这座小花园空间感和趣味感的秘密武器。

花园的南墙外是小区的绿地，其间，种植了大量的锦带、海棠、栾树以及青枫和红枫等园景植物。为了和园景相映成趣，我在南墙下选种了三棵浅粉色的爬藤月季，此手法源自园林营造中对借景的运用。我期待：一年后，它们会为我的小园奉献一片色彩典雅的月季花墙（一座花园通常要养三年才可呈现最佳状态）。

　　我家的西墙紧挨邻舍的花园，为了确保私密，我选择了木质格栅作为遮挡。从方位上看：西墙下又阴又冷，所以我将格栅涂成了白色。白色具有反光作用，能够使花园看起来更大、更明亮也更温暖。在格栅之下，我放置了一条长凳，此处是我给盆栽植物换盆以及修理花园工具的小场地。长凳之上，钉有一个杂货架，是摆放花园杂货和悬挂刀、剪的地方。

　　对于一座小花园来说，拥有一面"杂货墙"是非常有必要的。第一，从功能上讲：它具有强大的收纳功能，可使花园看起来杂而不乱。第二，从心理上讲：杂货，体现着人的潜在审美，表现花园的个性，是花园主借以表现其内心幻象的重要手段。比如，我就在这面墙旁悬挂了一副象征着"港湾"的壁画，它暗喻：此处，便是我后半生得以"系舟收桨"的所在。

在花园西墙与北墙的交界处，我选种了一棵忍冬。忍冬花是一种热闹的花，花开的时候，很像燃烧不息的火焰，可以从初春开到初冬（且几乎不会受到病虫害的侵扰），极适合在北方庭院里种植。北墙，是全园阳光最好的地方，所以，一棵忍冬便足以蓬勃发展，给整个区域带来生机和灵动。

被忍冬掩映着的是我家位于花园北墙的客厅入口。在此，我设置了由三个花缸组成的组合盆栽区和花园就餐区。组合盆栽，有效地提升了客厅入口处植物的观赏性，而可防水的户外沙发，则最大程度地提高花园生活的舒适度，真正让"室外生活室内化"这一理念成为了现实中的一部分。

用材与配色
——大、小花园的不同之处

还是因为城市花园的占地面积有限，所以在小园营造的选材上要格外慎重。比如，在大花园中常见木质茶亭，于此处就不再适用，取而代之的应是线条简单的欧式铸铁"过亭"。又如，在花坛边界的选材上，大花园中常用的厚重石材亦被我摒弃，转而选用了质地轻盈的耐候钢板（即：耐大气腐蚀钢，是介于普通钢和不锈钢之间的一种低合金钢板）。这种材料通常被用于现代简约风格的花园营造，

但它一旦生锈，即可与我造花坛时选用的黄色板岩相契合，营造出一种颇具古典主义色彩的英式花园的氛围来。在园路的铺装上，我也采用了以简约的现代花园汀步与传统的板岩石路相对接的方式，从而达到了让到访者仿佛是从现实世界（我的客厅入口是现代简约式的）恍然回到曾经的那些古老而美好时光中去的效果（我的花园是怀旧风格的）。

　　从配植的角度讲，在小空间内种植爬藤植物是有效节省土地的好方法，而常绿植物或造型植物的运用则可能比大面积种花的效果更好。我本人不是植物控，所以，并不在乎园中植物的品种和数量，然而，我认为：植物是为了烘托花园的气氛才被入选到花园里来的，所以，要特别注意是对其形态和色彩的把握。小花园最大的缺点是不能进行色彩分区，所以，如果在小花园里使用的色彩过多，就可能会给人一种眼花缭乱的感觉，尤其是在城市，过于艳丽的色彩，不免流俗，惹人嫌弃。

是故，为了协调新花园的色彩，我在配植的时候尽量选择了相对素雅的花灌木和丛生植物，如白色的欧洲荚蒾、紫薇等，以彰显我对于"白色花园"的情有独钟。据说，古代的哲学家是借着月光在花园里思考的，而白色是在月光下唯一能被看到的颜色，所以，西方人，又把"白色花园"称作"哲学花园"。

我不是哲学家，也不经常借着月色在花园中思考（我只是借着月色在花园中浇水），但我相信，白色，传递给人的一定是清新与舒畅的感受，而它，赋予这小园的呢？偶尔可能是哲学的气息，偶尔也可能是平民化的浪漫与自由。

自从爱上园艺以后，我忽然对这种平民化"浪漫"与"自由"产生了由衷的渴望。然而，它们却，一如兔毛的"四瓜"和我的爱好般，全都是如此的可遇而不可求。

……

现在，我对自己的生活大抵满意，因为，在阔别了九年之后，我又重返了这座城市，并且，拥有了一座，如此独特的、具有古典主义色彩的城市花园。尽管，它很小很小，但它毕竟是我在这座城市里的，第一个带花园的家。

现在，我就坐在自家的花园里，看着属于这座
城市的：几百黄昏声称海，此刻红日可人心！

Herbal House

地　　点：日本，埼玉县
花园类型：日式杂货花园
花园面积：约 100 平方米

香草屋
——蕾丝花边版
塔莎花园

文·药草老师　图·药草老师、迷迭香

穿过漫天的樱花雨，站到一条新绿的小巷尽头，眼前是小小的木头椅子、栅栏门和生锈的铁罐。楼梯边薜荔爬在墙上，风灯摇晃着自己的影子，罐头盒里角堇开过了季，已经失去了该有的姿态……往前一步就是香草屋花园。

香草屋给人的第一眼感觉是它白与绿、纯白、灰白、米白、亮白、深绿、浅绿、中绿、薄荷绿的配色。第二眼是它的质感，搪瓷、玻璃、马口铁、亚麻、棉纱，精致、素雅、静寂，好像一个梦。

日本杂志对它的定义也完全不一致，有的说是法国田园风，有的说是古董杂货风。到底是个怎样风格的花园呢？还得亲眼去看看。

香草屋花园在日本埼玉县，本以为是在一个高雅时髦的市郊别墅区，没有想到巴士一路穿过泛青的田野和河床，下车后还有一段漫长的路要走。拜访正值樱花吹雪的季节，田地中央不断出现一株株硕大的樱花，一阵风起，卷起漫天花雨，在神社边没人的道路上铺天盖地而来。

爬上山丘，穿过新绿初生的小树林，终于找到了香草屋那标志性的入口。二层建筑的房屋不高，做成童话里的小屋样子，爬满了爬山虎和薜荔。一辆小白行车，一个小陶罐，一个小黑板，都是那么日常的道具。忽然间静如止水的眼前一阵波澜起伏，原来是开放的铁线莲'蒙大拿'，有好多年了，盖满了半个屋顶，一片粉白。

香草屋花园的主人高桥女士身着一袭白色衣裙，个子不高，有着一张看不出年龄的小脸，五官细致，衣裙是乳白色的蕾丝，头上围着20世纪初画作里的头巾。

那道杂志里出现过无数次的狭窄的楼梯，仅仅够一个苗条的女士通过。两

旁是薜荔、蕨、开败了的铁筷子和常青藤，小叶子、大叶子，长藤子、短藤子，黄花斑、白花斑，各种绿，各种清新。屋门口挂着小挂铃和写着 Welcome 的小猪脸盆，生锈的铁皮小屋模型、白色的铁丝鸟笼。东西可真不少，还好缠绵的木通藤蔓把它们整合起来。

　　建造这样的屋子和花园，高桥女士也是受到了塔莎奶奶的影响。特别喜欢蕾丝，就想做一个蕾丝花边的塔莎花园。从屋顶上悬吊下来的蕾丝，密密迭迭，有着一种繁复而柔软的美。

　　25 年前高桥女士开始有了这个花园，那时候日本还没有人做开放花园，高桥女士家大概是第一家。拿出来一叠《我的乡村》杂志，登载着她家的照片。

摊开的一页上的她穿着精美的蕾丝衣服，是一篇讲花园服饰的专题，也有完全讲花园的专辑。"以前花园的样子跟现在有点不一样呢。最初的时候种了很多香草，迷迭香、百里香、薄荷等，所以才起名叫香草屋。"高桥女士讲道。"我喜欢它们的叶子，都是绿色，但是又有不一样的纹路形状。花园的光照条件不理想，后来就把不适合的香草换成了绣球、薜荔，还有常青藤这类的叶子。有的时候还会加一些附近园艺店买的应季的草花，角堇、金鱼草这些。"

　　从头顶上挂的大大小的篮子不难看出高桥女士喜欢篮子，这些都是她从各地的古董市场上买的。因为喜欢古董，经常跑古董市场，去年为了去名古屋的绿色集市，还和朋友坐了一晚上夜班长途巴士呢！

穿过陈设着搪瓷餐具的小客厅，眼前阳光一亮，是在图片上看过很多次的阳光房。一条厚木板做成的茶台，一蓝一红两把椅子。椅子并不配对，椅背的造型一个圆一个方，椅子脚也是一个折叠一个四脚。一大一小两把搪瓷壶，白身蓝把手，倒是一套的。窗台上一排小小的盆栽，对于畏冷的花苗，真是一个晒太阳的好地方。有报春花、龙面花、摩洛哥雏菊，正在盛开，也有完全还是绿叶的天竺葵和铜钱草。最后它们都被一角球兰长长的枝条和肥厚的绿叶统一起来。

料峭的早春，阳光房里是最惬意的地方，也是最适合主人拍照的地方。出门后是极小的花园，其实只是沿着房屋的一长溜狭窄的过道，顶头是座椅和花台。头顶上晾晒着衣物和一个个塑料篮子，高桥女士喜欢用塑料篮子种花，透气性特别好。担心塑料篮子会很丑？"可以选好看的颜色呀。"高桥女士给出的答案就这么简单。别说用旧了的绿色篮子完全没有塑料制品的粗劣感，反而呈现出一种脆弱而又颓废的状态。下面墙壁上装置了木板，挂着挂杆与挂钩，各式各样的旧厨具成为了花园的装饰。也许不完全是装饰，还可以开始一场即兴的下午茶。

球兰、日本吊钟和秤锤树，开花的时候一定很美。细细的枝条上山绣球还在孕蕾，玫瑰冒出殷红的新叶，开放了一个冬天的角堇形状已经走形，不好看了，但主人还是不舍得丢。绳子上晾着小手帕还是小台布，用途都不重要了，反正它们在春风里飘着就够美了。

在亲眼看过之后觉得日本杂志给香草屋花园定义的法国乡村风的说法不太正确，应该是典型的日本杂货风格。和英国法国的都不一样，完全是自己的风格。香草屋花园有很多做杂货花园值得借鉴的闪光点，设计灵感层出不穷，下面给大家逐一分析。

香草屋花园的 28 个灵感：

1. 花园入口处设置了一把小椅子，放置了小花篮欢迎来访者。在家门口放置组合的小花篮似乎是日本私家花园的传统，在很多花园门口都会看到各式各样的小组盆。我们做了组合盆栽常常会不知道放在哪里，这次总算得到了答案。

2. 二层建筑的房屋，上部是被爬山虎覆盖的墙面，下部是板壁、红砖和各种陈列的杂货。如果单看上部会觉得单调，单看下部又会感觉杂乱，这种上下的组合让画面实现了和谐。

3. 入口处的楼梯是用枕木铺设的，在历经风雨后会呈现出古旧柔润的木色，这大概就是为什么木质品虽不耐腐朽，但依然得到人们喜爱的缘故。

4. 沿着楼梯板壁的墙面上爬满了藤本植物，仔细看，藤本分为三个层次：紧贴墙壁的薜荔，叶子小，覆盖力强；穿梭其中的是三叶地锦，也就是常说的爬山虎；在表层点缀的是藤本月季和蔷薇的枝条，有大

花的品种，也有小花的英国玫瑰'雪鹅'。丰富的植被层次让墙面更加灵动，不至于死沉沉的绿一块。

5. 薜荔覆盖力强，叶子小，很有块面效果，但过于密集又特别容易显得沉闷。在薜荔中间装饰一只黑铁皮风灯，打破沉闷的色块。

6. 沿着板壁墙是各种观叶植物和香草，虽然都是绿色，但是不同的形态造就了细微的变化。也有新芽是红色的蕨，幼嫩的红色新芽可与红陶盆搭配。

7. 楼梯和房屋之间隔出了一个小小的中庭花园，用红砖围成的花坛里种上一株杂木树，再摆上白色的桌椅，空间虽小却活用恰好。

8. 狭小的中庭里光线阴暗，绣球是最好的植物选择。但是这么小的空间如果种上一株大花绣球不免过于沉重而显得拥挤，这里选用的是开着细小白花的山绣球，品种名叫做'白扇'。

9. 整个中庭都是用绿白两色来统一，唯一一个变化的色彩是这株悬挂的百可花。淡淡的蓝紫色让周围的白更白，绿更绿，看到这里会感觉有时刻意追求的白色花园不免显得做作了。

10. 从形态上而言，到处都是高桥女士喜欢的蕾丝感：小，碎，密。头顶的小花绣球，桌子上的白钩针台布，就连那盆重瓣钻石霜大戟，也好像蕾丝一样繁复古典。

11. 香草屋有很多沿着墙壁的隔板，每个隔板的陈设都设定成不同的风格。这个隔板是古典欧洲风，高脚杯、铁器、白色系。悬垂的细小绿色藤子在生硬的横线条间增添了动感，当然也不能忽略最上层那只慵懒的白猫咪模型。而另一个隔板陈设的主题是厨房。

12. 黄色手抹墙适合阴暗的环境，有提亮效果，但又不会太过生硬刺眼。如果是白色墙壁，就会抢夺了那株白色绣球的光线感。

13. 手抹墙上刻意造出的一点砖块，有斑驳感。另一种墙面上露出一部分砖块的做法，比较直白硬朗，适合头顶上那个简洁风的路灯。

14. 备下的香草茶，有柠檬、薄荷叶和香蜂草，非常清凉解暑，看起来也是画面感十足。

15. 用洗发精瓶子做的灯罩，看来在杂货的世界里万物皆可变废为宝。

16. 向阳的户外花园，色调同样是冷感的白与绿。地上铺着红色碎石块，与周围的红陶盆一起制造了温暖感。

17. 正值日本的玫瑰季节，看过各种爆花的花墙花海，但是香草屋的玫瑰只有一枝，两朵。对于玫瑰，可谓开多需要技术，开少需要审美。

18. 把日常用具活用到每个场景，装蚊香的不是日本传统的蚊香猪，而是一个小铁皮桶。

19. 新买回的狼尾蕨，还没来得及处理客人就来了，这可怎么办？用一张漂亮的外文报纸或包装纸裹一下，难看的塑料盆就看不到了。

20. 香草屋花园令人感叹最多的是：这是一个720°无死角的花园，什么叫720°？那一定是包括了从下往上看的这个刁钻角度。

21. 爬山虎和常青藤是主角的花园，白色细小的奥莱芹、淡蓝的百可花、粉白的金鱼草，一切尽在柔和中。

22. 主人喜欢的塑料篮子，放上黑铁剪刀和红陶盆，就有了满满的日常感。造型独特的铁艺椅子，好像孔雀开屏。

23. 在尖凸出来的支柱或是铁艺杆子上放一个小陶盆，安全又好看。

24. 同样不准开多花的粉色玫瑰，两朵花，三个花蕾，细细的枝条，营养不良的样子，是"林妹妹"的美。

25. 颜色是蓝、白、绿，因为要搭配蓝色，绿色顺势选了有些偏黄的。如果入手了金叶子的黄绿色植物，你该知道怎样搭了吧。

26. 向阳花园里的工作台，同样有两把椅子，同样是白色铁艺，但是形状完全不同。虽然那么不同，还是可以叫做一对儿。

27. 工具间、杂物储物间的小门上面可以挂上一盆小绿植来装饰。

28. 换个角度看看从上向下俯瞰的入口楼梯，这下头顶的藤蔓显眼了。藤蔓间令人惊喜地出现了一个黑铁的小铃铛。

杂货花园是最近特别受到热捧的花园形式，要做到杂而不乱，货中见品，却是很不容易的。香草屋这座美好的杂货花园就像一座灵感的宝库，一个灵慧而细心的主人则是这一切灵感的源泉。花

尽精微，致广大

——锈孩子的阳台花园

文／图·**锈孩子**

螺蛳壳里做道场，在高层阳台小空间造园，疗愈自我，反哺自然，一方寸土亦能孕育奇迹，见天地之灵气。

上帝常常以剥夺的方式给予。19年前健康和工作同时失去，却得以让我与始于童年就痴爱的园艺，从业余时间的小打小闹，突进到人生前景，几乎成为生活的全部。为求养花，又限于当时的经济能力，带庭院或露台的房型只能放弃，最终定下这套距市区极远的郊区房，因为它带有7.8平方米南向景观式正方形阳台，比普通公寓房的常规阳台略大，且有2.8平方米的北侧小阳台。

心中始终有一梗：西方普遍的庭院或露台花园营建手法，并不适宜我这种在中国最接地气最普遍的凹入式阳台。空间狭小，上不接天，下不连地，通风光照差、风大，不利于多数开花植物生长。阳台花园常常沦为家庭园艺的"小儿科"，被边缘化，甚至被排除在"私家花园"之外。当新居钥匙在握，迎着质疑和不屑，无比忐忑又无比坚定地，我开始打造阳台花园。

地　　点：江苏常州

花园类型：四楼南侧阳台

花园面积：7.8平方米

造园时长：11年

东区，可见南侧护栏处打开的无框窗底部和户外晾衣架。

硬质格局

　　首先解决阳台晾晒衣物的现实问题。经物业允许，我在南阳台（以下"阳台"均指"南阳台"）外立面护栏处安装了户外伸缩式晾衣架，北阳台顶上安装了晾衣杆，解决雨期晾晒。这样南阳台空间完全腾给花园营造。交房后阳台又按照我的审美略做改动：保留涂白的墙面，但地板的瓷砖改用防腐木铺设。南面和西面的一半为护栏，上部开放，但考虑江南寒冬还是要有封闭措施，我使用了无框窗，这是一种可将窗玻璃折叠拉伸的封闭方式。这样每年除冬季两三个月外，全年大部分时间护栏上半部完全敞开，这一点对空气流通和光照太重要。

北区

西区

南区水泥护栏处，需踩梯凳打理户外不锈钢花架上的花草。

　　我将整个阳台划分为五区：东区主体为墙，因阳台进深较深，这面墙较宽，是进入阳台时首先入眼的区域。坐于客厅沙发正好可见这面墙，因此标牌"锈孩子的花房"挂于此。两只拱顶的高大网格靠墙，两拱之间的下凹处上方用来挂花园标牌。网格下部放一只小花车和双层木质鱼盆。东区靠南还有一小段玻璃护拦，正好摆放一只 50 厘米宽、90 厘米高的三层木花架。北区是与书房相连的最内侧的墙，有窗，窗下安装双人铁木椅。一只斜着摆放的铁木小矮柜将东墙与北墙形成的夹角隔出三角形空档，用来放置铁艺花笼等，串联起两面墙的风景。西区从北向南分三段——与客厅相连

的 85 厘米宽的门、87 厘米宽的墙和 85 厘米宽的玻璃护栏。墙的上部安装铁艺花盆挂，下部放带花箱的网格小花架。南区与西侧玻璃护栏相连处，有一面约一米左右宽度的水泥护栏，经物业同意，外立面安装露天不锈钢花架，成为整个阳台的黄金种植区。水泥护栏下放双层梯凳，方便站上去打理露天小花架上的花草，也可临时摆放盆花。中区是指在靠近南区玻璃护栏的正中央，将一只正方形小木桌和双层铁艺小推车并排形成中心小岛，小岛与护栏间留出约 40 厘米空档便于走动。中区与其他四区形成可容一人通行、环阳台的 U 形小步道，与从客厅进入阳台的门连通。

中区

东区双层木鱼盆，上部种斑叶吴风草，下部可容 17 升水，用来养鱼、泡空凤。 西区碗莲盆里一只刚羽化的豆娘

阳台大框架的细节打造

色彩：主体背景色为白色。这不单是个人偏好，白与绿互搭构成的青白世界简素清新，轻盈纯净，也因白色对于阳台这类偏暗的空间有提升环境亮度的功能。为此我将地板、网格花架、花盆、铁艺椅等目力所及的阳台物件统统刷白。因刷地板时家中仅有白色丙烯颜料，它不像漆类涂料有膜质保护，经年之后的白地板已刮擦出沧桑感，但这正是我想要的岁月之痕。后来使用不含有机溶剂的白色水性漆，明显保色效果更佳。此外，所有和阳台相关物件的购买，也都尽量以白或绿色为主。

水景：阳台极干燥，风力大，这点在三楼以上的楼层颇为明显，所以用小水景增加微环境的湿度非常必要。阳台小型水景采用现成的与整体氛围协调的容器即可，我在东西两侧各安排了一处小水景，东区为双层木质鱼盆，是有参差感的错层布局，上部小盆用来种花，下部是可盛装约 17 升水的木鱼盆。养野塘捞取的食蚊鱼等小型野鱼，可吃掉孑孓，防止生蚊，也极好养；西区放一只高挑的锅状喂鸟器种碗莲，也养食蚊鱼。有花有水有鱼，花园才灵动。

颠茄裸奔　　　　　　　虫蛹精灵吊挂　　　　　　　有小门可开的鸟屋

萌趣收藏： 我的阳台摆件很少来自园艺杂货店，更多的是依个性喜好收藏的小物。我是永远的小孩子，酷爱植物和菌类的人形手办、各种人偶等，且从不把它们视为装饰摆件，而是我花园里的老伙计，会与植物们交流呼应，任一微观角度看去都有戏，让阳台花园成为魔幻童话的发生地，充满故事性。

收纳： 这对小空间多么重要。除桌、椅之下和小柜子作为大的收纳空间外，摆件的选择也尽量有此功能。如我在东区墙体两只网格及下部小花车与木鱼盆之间的空档摆放的木鸟屋，漂亮的镂空屋体有门可开，内部是收纳空间。花架上收藏的二手瓷器小丑，底部也可开，用来装小型种球。花架下的小木箱，内部装肥料等，盖子上有洞，用来塞小盆栽。再加上收集的各类盒子、小桶，都具有与阳台气质搭配的自然之美，又有容物之用。小空间无法任性地单从颜值来选择饰品，尽可能兼顾多功能才是王道。

安全： 阳台切记小心勿发生高空坠盆状况。绝不将护栏处的挂盆挂于外侧，摆在水泥护栏上的盆底部粘上无痕胶，盆与护栏边沿预留一段安全距离，不贴边摆放。露天不锈钢花架里的盆只用很轻的树脂盆，不用陶盆，下部一律放高质量较深的盆托，给此处的花草喷水时先看看楼下是否有人，以防溅水影响到他人。

阳台上的童话

东区北区连接处小景

植物选配与种植

在四四方方的阳台内部有许多空间，因光照缘故不适宜花团锦簇的植物，应对策略是以绿植为主，花朵点缀。我种花时间久，抗暑寒又耐阴、莳养经年的老植物众多，它们体型较大，四季常青，除定期翻盆换土，摆放位置较固定，为整个阳台带来花园的基调和氛围。如北区椅边的钮扣蕨，东区网格上的鹿角蕨、花叶蔓长春和乔迁时父母所赠的银心吊兰，木鱼盆上部的斑叶吴风草，选取带条状、点状、白黄绿相间的花叶，以及深浅不同色阶的绿叶、不同叶形和尺寸、下部开展的株型与网格上的垂蔓交错，共同

创造出小空间绿植的丰富层次。穿插灵活摆放的中小型开花植物，除冬季外，以苦苣苔科抗性强的品系为主，花期长，花量大，关键是散光即可开花。冬季和早春以酢浆草、垂筒花等球根花卉为主。东区与北区连接处的三角区前，栽培九年的狼尾蕨放在小木柜和小花车之间的地面，搭配前后一卧一站的猫摆件，连接起网格、花车周边所有植物和微型小景，同时在这一重要的视觉焦点区形成前后的深度与高低的错落，也形成U形步道拐角的弧线，有视觉引导的效果。

西区明亮散光处的小花架，下部是花箱，上部是拱形网格。花箱很小，两只两加仑的盆已经所余不多，但我

冬季仍旧满目翠

改花箱内常规的平行放置方式为高低立体摆放，下部是盆栽矾根与日本蹄盖蕨，中间空隙处陈列小盆栽（高处为迷你玉簪'金心鼠耳'、低处是苦苣苔科的两盆植物和不会长太大的花叶长春藤品种）。既在小空间种植了尽可能多的植物，也有空间的灵动变化。中区同样利用一只装红酒的旧木盒高耸于正中，进行错落性空间种植。

南区以观花观果植物为主。玻璃护栏上部用挂式花盆每年栽种一年生草本观花植物，保证该区域的花草更新，下部有各色长寿花、天宫石斛等。水泥护栏处主要放仙人球、十二卷类、芦荟、虎尾兰等多肉植物。露天不锈钢花架以木本、藤本为主。已种十年的贴梗海棠，铺面栽小型开花草本，比如筋骨草，类似园林中的地被植物，盆面还可放置小盆栽，木本的粗硬树枝挂微型多肉植物，这样立体种植，一盆之内把空间的利用做到极致。

北阳台也安装了户外不锈钢花架，用尽可能大的泡沫盒改成种植箱，种高大的草本植物，这样入夏土面空隙处可放置风兰、兜兰等株型不大的兰科花卉。既通风、阴凉、湿润，又有早晨和下午经高大植物筛过的疏落光影，状态良好，年年复花。

搜集本土野生植物种子繁育花草，既是重新捡回中国古时栽培"饰草"的传统，又有对生态保育和多样化维护的意义。目前我已育有十几种野生植物，长了四年、蓬勃似灌木的草本剪春罗，春天打顶后初夏爆发的橘色花已是阳台的颜值担当。女萎即所谓"野铁"之一，在野外常发现它的叶片有斑锦变异，果然在盆中发芽后，真叶出现芽变，不知能否在阳台培育出可观叶的铁线莲园艺种。纵是妄想，至少这株"斑叶女萎"是我阳台目前的专属植物。

我在北阳台放了数只大水桶，用来存储雨水、洗菜水和鱼盆里换下的水浇花，桶内养野外捞取的田螺、石螺清除桶壁滋生的藻类和污物，其粪便与鱼盆里的鱼类粪便沉淀积累到一定程度，会倒出暴晒后做有机肥；另有大盆用来装旧土，将厨余埋入沤肥。

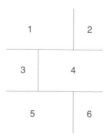

1		2
3		4
5		6

1. 中区中央至高点
2. 一盆之内数种花
3. 巨瓣兜兰年年复花
4. 马兜铃
5. 剪春罗
6. 女萎叶片的斑锦变异

草蛉幼虫将战利品介壳虫的遗骸与太阳花的长柔毛一并驮背上。

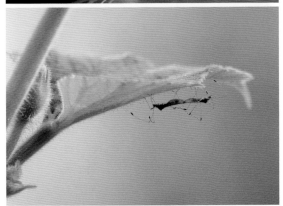

锤胁跷蝽叶下恋爱

曲纹紫灰蝶对舞

野性花园

　　当阳台上用野生种子栽培的马兜铃花开，多想它能招来丝带凤蝶，虽然它来不是为吸花蜜，而是产卵吃叶片的。这种带着仙气的蝶种伴随着周边郊野的开发，已绝迹多年。为此，我在花园开始种寄主植物。这是我的阳台花园与其他花园最大的不同。

　　很久以前一篇《阳台来的小客人》的帖子在某论坛被加精，内容是关于我出于好奇偶然记录下的花草间来自外部自然界的小生灵。从此，我开始自觉学习相关生态常识，越陷越深，也彻底颠覆了自己对花园的认知和审美。

　　本是打造给自己的美好生活空间，却发现同时共生着许多如此令人震撼的其他生命。我明白了：园艺是来自自然的艺术，生命与生命的交融互动，才使园艺的自然美表达得更饱满灵动。谋求生活美学与生态担当的结合，才是更符合自然之道和健康的园艺。不单为自己造园建景，也是为所有的生命创立栖息地。蚜虫、红蜘蛛等爆发性昆虫对花草带来的伤害，利用人工清除加天敌昆虫的协助，我已四年未使用任何杀虫药剂。当我发现太多花友也和曾经的我一样，对病虫害存在"过度治疗"，为了种花对其他生命，特别是某些昆虫有极端的排斥，我开始从单纯地痴狂园艺，变成一名自然教育的公益志愿者、江苏省科普作家协会会员。偶然从国外网站搜到的"wildlife garden"园艺类获奖书籍让我意识到，原来我对园艺的另类实践并非孤例，并且在国际上，这类花园因为生态问题的全球热度而被格外重视和关注。"wildlife garden"至今在国内园艺界可能尚处于小众阶段，暂翻译为"野性花园"，意喻将人工化的园艺世界重新注入荒野之性，为生态园艺和生态多样性加油助力。

　　以螺蛳壳里做道场的精神，在高层阳台小空间造园，疗愈自我，反哺自然，我将继续精进与深耕。🌸

FLOWE

橙子花园

——有花有菜，笑语欢声

这是一个承载全家人共同生活记忆的庭院空间，照设计师的话讲「有花草的芬芳，瓜果的香甜，欢乐的游戏，一如室内空间的舒适与周到。」小主人与花园相互关照，相互滋养，共同成长。

类　别：	展示花园
面　积：	106 平方米
造　价：	15.8 万元
主案设计师：	章一白
施工单位：	51 造花园

接到儿童主题花园设计任务，令设计师章一白既兴奋，又有些许担忧。兴奋的是通常私家庭院更多考虑的是成年人的使用需求，很少照顾到小朋友的需要。他对打造儿童活动主题花园的担忧有两点：一是现有的场地面积并不大，100平方米的空间如何去合理安排各个功能区，在满足其他家庭成员庭院生活空间需求的情况下，最大程度地突出打造儿童活动主题空间。二是怎样合理地选择材料，科学系统地安排施工进度，是这次设计的难点。

花园设计分析与构思

本次的主题要有花草芬芳，有瓜果的甜蜜，有欢乐的游戏，能承载全家共同的回忆。大树小草、瓜果蔬菜和孩子在户外时光里相互关照，相互滋养，与自然生命共同成长。

花园分区1：公共活动空间38平方米

这个区域的设定被定义为全家人的户外会客厅，是未来举办生日宴会、家庭聚会、烧烤派对的主要场地之一，要考虑到所有家庭成员的需求，布置出欢乐、休闲、放松的氛围。浅浅的流水水景墙，一则增加花园的休闲氛围，二则呼应儿童花园的主题，提供给孩子玩乐戏水的机会。夏天在浅水池里踩踩水，洗洗小脚丫，是每个孩子都不会拒绝的快乐源泉。加宽的树池坐凳，可坐可躺着晒太阳，也可以玩躲猫猫做游戏。

花园分区 2：安静休息空间 24 平方米

一"帘"之隔的休息区相对而言纯属私人定制的空间，配置女主人喜爱的园艺植物，用木质廊架和月季花墙围合出一个相对安静的休息区。陈列一些特色的园艺小配饰增加情趣，让主人可以安静地享受芬芳的阅读时光，也可以在野趣的木质秋千上放空、冥想，闲暇时光里可以静静地坐下来感受花园的四时美景。此区域的花境植物建议使用攀爬类植物、月季花墙或铁线莲。

花园分区 3：儿童活动空间 13 平方米

化零为整，利用过道通道打造成儿童游戏活动区。顺着跳房子游戏的路径进入花园的儿童天地，设计师考虑到孩子的天性喜欢涂涂写写，索性就为他们设计一面专门的涂鸦墙，让小孩子可以天马行空地遐想，用画笔去记录。给孩子们准备的第二处好玩的设备是沙池，设计调查发现儿童行为活动中，水池和沙池是最受欢迎的两个活动类别，所以在墙角边挤出一块 5 平方米的地方，同时设置一些儿童尺度的攀爬活动，丰富小沙池区的活动项目。趣味种植墙不禁让人联想到乐高积木，这些田园版的大型积木不仅激发了孩子们的劳动兴趣，就连成年人的童心也被带动起来，种植、陈列的百变，亲子活动和花园装饰得到了全新的演绎。

花园分区 4：可食花园空间 27 平方米

　　即花园会客厅外第二大的功能空间，它主要作为一个可赏可食用的空间来使用。在区隔出的小套间内做些杂货收纳，比如园艺物料的堆放，园艺用品、工具的收纳等等。

　　设计师辟出专门的空间营造中餐花园，给家人的餐桌提供时蔬补给。西红柿、黄瓜、四季豆、茄子、南瓜等常见作物的种植让孩子亲手感受到泥土的温度，种子的力量和发芽的喜悦。亲手采摘成熟的果实，体验绿色健康的有机种植，在劳动头践中收获

自然规律的启发，更好地理解自然生命循环的意义，也是切实践行绿色健康的生活理念。

　　喜欢吃西餐的家庭可以将种植主题替换成西餐花园，播种各色生菜沙拉菜、香草（迷迭香、罗勒、百里香、洋甘菊、薄荷、樱桃鼠尾草）、浆果（黑莓、蓝莓）、小番茄，同时搭配一些果树，如樱桃、石榴、无花果、枇杷，创造食材条件在自己家里就能调配出缤纷的沙拉，烤出美味的披萨，可口的牛排……给我们的餐桌增添更多的可能性。

设计资材汇总

1. 古典石灰石
2. 洛可可米黄碎拼
3. 喷砂面白洞石
4. 摩卡金砂墙地面砖
5. 古典石灰石拼圆
6. 紫砂石
7. 玄武岩柱石切片汀步
8. 古典石灰石汀步
9. 樟子松
10. 龙凤檀快速拼装地板

花园植物

骨架植物： 黄金香柳、金蜀桧、银叶金合欢、金姬小蜡、球形蓝冰柏、喷雪花、北美冬青

主要植物： 圆锥绣球、亮叶女贞球、小兔子狼尾草、芒草、坡地毛冠草、鼠尾草、花叶美人蕉、紫娇花

地被植物： 玉簪、黄金络石藤、千叶吊兰、金叶过路黄

香草植物： 薄荷、罗勒、迷迭香、樱桃鼠尾草、百里香、茴香

橙子花园作为一个真实花园生活场景的展示空间，既要展示出造园流程，也要突出材料材质的特性特点，更希望能够引领健康美好的花园生活方式。设计师期望花园不单只是一个装饰得很好看的户外空间，它也要很好用，全家人能在花园里共度愉快的花园时光。花园也在浇灌呵护下回馈给家人更多视觉、嗅觉、味觉、听觉等丰富的感受和体验，记录承载更多家人的生活记忆。有孩子们游戏的欢声笑语，有分享花园果实的激动人心，有团聚开派对过生日的其乐融融，还有更多花园生活的可能性。希望花园能更多地促进人与人的交流，提升生活的幸福指数。❀

家燕、金腰燕

文／图·锈孩子

一只正在河边衔泥的家燕

在江南的家居院落中，我遇见的最早到来的夏候鸟永远是燕子。有时春节前就急急飞至。"小燕子，穿花衣，年年春天来这里"，被一代又一代地传唱，也是一年又一年物候开春的重要标志。

曾经看见体小伶俐、剪刀尾、在空中迅疾翻飞的精灵们，便笼统地叫成"小燕子"，如同管所有林间体色灰褐的小鸟都叫麻雀，河里飞的野禽都叫野鸭子……好在这属于很久以前的无知。而今，我早已能瞄准家边在空中玩快闪的"小燕子"，并轻松准确地报出其名：家燕、金腰燕。这是两种最常见的燕子，也常在同一区域同时出现，不细究很容易搞混淆。

也曾认为天下的燕子和书上的画儿一样。除了肚子，周身一抹乌黑，后来才知这些简笔画实在误导了太多人，人家明明穿的花衣服嘛！家燕额头喉部呈橘红色，胸背部羽色闪着金属质感的电光蓝，白肚子；金腰燕腰上那条宽宽的金黄腰带，使它明显区别于家燕，肚子上的黑斑，由面颊到后脑勺的红褐色，也比家燕更花哨。家燕与金腰燕的巢，主要建材都是稀泥，但形状完全不同。家燕巢就是普通的碗状，金腰燕的巢却考究得多：内室连接一"回廊"，似花瓶。此结构避风，保温。北京的朋友告诉我，北京管金腰燕又叫"巧燕"，管

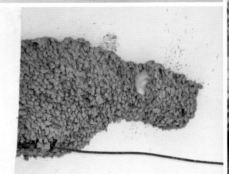

同一屋檐下，上图的这只金腰燕站在家燕的巢边，而下图才是金燕腰的"豪宅"。

飞行中的金腰燕，可见其明显的"金腰"。

家燕又叫"拙燕"，可能与营巢能力有关。而南京的朋友则告诉我，她亲见小区花园边的楼房屋檐下，一只金腰燕霸道抢夺家燕夫妻苦心建起的新家，并将碗状简装改造成花瓶状豪装。也不知这纯属个案，还是金腰燕天性比家燕强势？后来，又有华南的朋友说，在他的老家，见家燕则喜，欢迎其与人类同居；见金腰燕则驱之，不让其在居所营巢，但始终不知何故。原来这两种小燕子，在个别地区的乡俗待遇也不一样呢。说到燕巢，必须补充说明，国人爱吃的高级补品"燕窝"是来自雨燕科的鸟儿的巢，与家燕、金腰燕等这类燕科的鸟儿根本不搭。

在山区民宿，落座竹椅，看燕子们——无论是家燕还是金腰燕，自来熟，一点不见外地穿梭在小花园和农家大门洞开的厅堂内，不躲不闪，是特别治愈的开心时刻。它们真是最把人类当朋友、与人相处最和谐的野生鸟类了。

只是城市中我所见过的私家花园里，它们可爱的小身影明显少了太多。近几年，我家边上的公园里燕子们也明显减少了，多数故地不归。难道是周边大开发，生境被改变所导致的吗？惘然困惑原因何在。⓴

记住「7」和「2」
春天紫藤花满园

文／图・玛格丽特－颜

大概有院子的朋友都抵挡不住紫藤的诱惑，摩拳擦掌誓言要种一棵紫藤。可是当你满怀希望种下一棵紫藤，两三年过去了，还是等不到花开，可能就需要找找症结所在。

威斯利花园修剪成树形的紫藤

紫藤不开花的四大原因

1. 紫藤是直根性植物，移栽后需要时间恢复元气，会先长好根系，所以请继续等待一段时日。
2. 你的紫藤品种可能需要 3~5 年苗龄才会开花，岁数不够，也请继续耐心等待。
3. 回忆一下，夏天是紫藤花芽分化的季节，是不是水浇得不够，让它干到了？
4. 不会修剪所导致。

究其根本，紫藤长势实在太猛，如果不想要一棵长得乱七八糟还不开花的紫藤，那么你一定要学会对紫藤的修剪。英国 BBC 节目里有一次曾专门讲到紫藤的修剪，最简单的原则：7 和 2 原则，也就是所谓的夏剪和冬剪各一次。"7"即 7 月将紫藤枝条修剪留 70 厘米，然后施肥；"2"即 2 月将紫藤枝条修剪留 20 厘米，然后施肥。

为了有更好看的树形，开出更多花，你还需要修剪残花，不要让紫藤结种子，保存营养。残花修剪的原则为在开花枝条约 2 厘米处修剪，这样做可以促进更多花芽的萌发。

7月修剪至70厘米

修剪处

插图：沐恩

Tips 紫藤修剪与养护

1. **4~5月紫藤花期**及时修剪残花，在开花枝条2厘米处修剪。

2. **7~8月花芽分化** 不要忘记浇水，缺水会影响花芽分化，从而影响到来年紫藤的开花。把握7月的关键词"修剪＋施肥"，将枝条剪至70厘米处。另外，那些主枝上的蔓和基部长出来的蔓，第二年是不会开花的，而且为了让树形美丽，要彻底剪掉，修干净。

3. **9月**还可以再补充一次修剪，7月修剪后新长的枝条保留20厘米。

4. **2月**记住修剪和施肥，枝条保留20厘米，一根枝条上留3~5个花芽就够，太多也会影响开花状态。

5. **盆栽紫藤花**的修剪需要注意：主干不宜过长，干茎的不同方向最多留五条主枝。侧枝要比主枝留得短些，保持盆株的造型及开花的美观度。每年长出的新枝要适当修剪，去弱留强，适当摘心。

紫藤生长周期表

1月	2月	3月	4月	5月	6月	7月	8月	9月	10月	11月	12月
			开花								
							花芽分化				
	移栽									移栽	
	修剪					修剪		修剪			
施肥						施肥					

廊架下紫色、粉色和白色的紫藤像是在下一场紫藤花雨，夹带着迷人的香味。（中国嘉定紫藤园）

紫藤的品种

紫藤（学名：*Wisteria sinensis*），属豆科紫藤属，是一种落叶攀援缠绕性大藤本植物。紫藤（藤蔓类）品种按地区分主要有三大类，中国紫藤、日本紫藤（山藤系和野田系）和北美紫藤。

一、中国紫藤

中国紫藤又分为紫藤系、藤萝系和短梗紫藤，最为常见的就是紫藤系品种，藤萝系花序较短，与日本紫藤中的山藤系较为类似，短梗紫藤顾名思义花梗较短，少见。中国紫藤的主要品种有：

麝香藤 *Wisteria sinensis* 'Alba' 花朵奶白色，花序25~30厘米，香味浓烈，一年小苗就能开花。

银藤 *Wisteria sinensis* 'Vaughn's White' 花朵纯白色，带有豌豆清香，大部分一年小苗就能开花。

丰花紫藤 *Wisteria sinensis* 'Prolific' 紫色，花量大，夏季复花，一年小苗就能开花。

二、北美紫藤

分为美国紫藤和肯塔基紫藤，生长量比中国紫藤和日本紫藤均要小很多，北美紫藤均为多季开花品种。其品种有：

紫水晶瀑布 *Wisteria frutescens* 'Amethyst Fall' 紫色，花序15~20厘米，5~9月多季开花，生长量小，一年小苗就能开花。

蓝月亮 *Wisteria macrostachya* 'Blue Moon' 蓝紫色，花序15~20厘米，5~9月多季开花，生长量小，一年小苗就能开花。

妮维雅 *Wisteria frutescens* 'Nivea' 白色，花序10~15厘米，5~9月多季开花，生长量小，一年小苗就能开花，稀少。

北美紫藤"紫水晶瀑布"

白花美短

3. 日本山藤系

山藤系花序较短,花朵较大。其品种有:

岡山 *Wisteria brachybotrys* 'Murasaki Kapitan' 深紫色,花序 20~30 厘米,叶片偏椭圆形,花苞绒毛较多,大部分一年小苗就能开花。

昭和 *Wisteria brachybotrys* 'Showa Beni' 桃粉色,花序 20~30 厘米,叶片偏椭圆形,为花序颜色最红的品种,大部分一年小苗就能开花。

白花美短 *Wisteria brachybotrys* 'Shiro Kapitan Fuji' 白色,花序 20~30 厘米,叶片偏椭圆形,大部分一年小苗就能开花。

4. 日本野田系

野田系品种繁多,平时见到的长花序均为野田系品种。主要有:

野田白藤 *Wisteria floribunda* 'Longissima Alba' 白色,花序 40~60 厘米,为花序最长的白花紫藤,三年左右开花。

一重黑龙 *Wisteria floribunda* 'Royal Purple' 深紫色,花序 25~40 厘米,为花序颜色最紫的品种,三年左右开花,稀少。

黑龙藤 *Wisteria floribunda* 'Ito Koku Riu' 深紫色,花序 40~60 厘米,新叶呈古铜色,叶片褶皱明显,三年左右开花。

八重黑龙 *Wisteria floribunda* 'Violacea Plena' 紫色,花序 25~40 厘米,为重瓣紫藤,四年左右开花。

开东阁 *Wisteria floribunda* 'Murasaki Noda' 深紫色,花序 60~80 厘米,为长花序中香味较浓的一种,三年左右开花。

长崎一岁藤 *Wisteria floribunda* 'Nagasaki' 紫色,花序为 40~60 厘米,三年左右开花。

六尺藤 *Wisteria floribunda* 'Geisha' 紫色,花序 60~120 厘米,三年左右开花。

九尺藤 *Wisteria floribunda* 'Multijuga' 紫色,花序 60~180 厘米,它是花序最长的品种,五年左右开花。

本红 *Wisteria floribunda* 'Rosea' 粉色,花序 40~50 厘米,呈粉色,四年左右开花。

口红 *Wisteria floribunda* 'Kuchibeni' 淡粉色,花序 40~50 厘米,花苞呈粉色,开放后呈淡粉色,三年左右开花。

福智山 *Wisteria floribunda* 'Mt Fukuchi' 紫色,花序 20~40 厘米,为花叶紫藤,叶片与迷彩服类似,稀少。

锦藤 *Wisteria floribunda* 'Nishiki' 紫色,花序 20~40 厘米,亦为花叶紫藤,叶片变化非常丰富,稀少。

这是在 Sudeley Castle & Gardens 里的一个小角落，躺地仰拍到的 East Garden 里一棵白色紫藤映衬着蓝天的一幕。

紫藤 Q&A

Q：我在北方，可以种紫藤吗？

A：紫藤为暖带及温带植物，对生长环境的适应性强，其种植区域为河北以南黄河长江流域及陕西、河南、广西、贵州、云南。

Q：紫藤花期在什么时候？

A：花期在 4~5 月，中国紫藤及日本山藤系花期最早，日本野田系次之，北美紫藤花期最晚。

Q：年紫藤种多少年才会开花？

A：通常来说，花序越长需要种植越长的时间才能开花。对于小苗嫁接而言，北美紫藤当年就可开花，中国紫藤和日本山藤系次年开花，日本野田系则需要约二至六年开花。🌸

3/4月花事提醒

文·晚季老师 图·玛格丽特—颜

新春佳节，辞旧迎新，短暂地休憩之后，
园丁们新一年的忙碌再次拉开序幕。

一、修剪摘心

新枝条开花的月季、紫薇、圆锥绣球、醉鱼草等都需要在春季发芽前进行重剪，金叶莸、绿叶蓝莸修剪到15厘米左右，各种观赏草贴地面修剪，蓝雪花、飘香藤等剪除老枝，促发新枝。早春开花的蜡梅、海棠、喷雪花等可在花后进行塑形修剪，一二年生草花植物花后请及时修剪残花。

二、施肥补养

冬季植物储存了大量养分，刚刚萌芽的植物无需施肥。随着气温上升，植物生长迅速，喜肥的月季、绣球等需要定期进行追肥，一般速效肥的有效期为半个月左右。如果遇到连续阴雨天气或盆土潮湿，可在雨后初晴天气里给植物追施叶面肥。球根植物花期结束后，若继续养球，也需要定期追施水肥，促进球茎生长。

三、适时出室

3、4月份，从南到北气候逐渐回暖，但倒春寒时有发生，新萌发的嫩芽最不耐冻，冬季入室避寒的植物不要过早出室。一旦遇到低温天气，已经出室的植物还要及时入室，防止冻伤。一般江浙沪地区，清明之后气温才会逐渐稳定，茉莉、三角梅、米兰等畏寒植物可逐渐出室。遇到暖冬天气，茉莉叶片常经冬不落，为了不影响茉莉的萌芽开花，出室后需要摘除其全部的老叶片，对旧枝进行修剪更新，以促进茉莉新枝条的生长和开花。

四、浇水防干

春季随着气温升高逐渐增加盆栽植物的浇水量。植物在孕蕾期和开花期需要大量水分，一旦盆土过于干燥，即会引起落蕾落花，影响观赏。另外春季多大风天气，已经萌发的枝条被大风抽干水分也会造成植株死亡。

五、分株换盆

生长旺盛的宿根植物如鼠尾草、金鸡菊、美国薄荷、松果菊、假龙头、翠芦莉、赛菊芋等，每种植两三年后都需要在春季进行分株更新。宿根植物的分株移植，只需将根盘切割成几份，每份保留几个芽头再重新种植就行。长时间不分株更新，会影响宿根植物的长势。

宿根灌木——毛核木

宿根植物二三年后要进行分株，图为柳叶马鞭草。

六、球根种植

春季是百合、唐菖蒲种植的好时机。百合喜肥喜光照，盆栽百合需用深盆种植，鳞茎上覆土15厘米左右，有利于百合的生长。百合种植不能积水。唐菖蒲喜光喜疏松肥沃土壤，唐菖蒲生长到约20厘米高度时，尽量用手拔除植株周边杂草。若用工具铲除，会影响到唐菖蒲的根系。

七、准备播种

"清明前后，栽瓜种豆"，3、4月份最适宜春播。繁星花、千日红、百日草、向日葵等夏季开花植物都可以在春季播种。

唐菖蒲

小苍兰

FLEUR CRÉATIF

创意花艺

20 年专业欧洲花艺杂志

欧洲发行量最大， 引领欧洲花艺潮流

顶尖级**花艺大咖齐聚**

研究欧美的**插花设计趋势**

呈现不容错过的精彩花艺教学内容

6 本/套 | **2019** | 原版英文价格 ~~620 元/套~~
中文版价格 348 元/套

文／图 • Chloe

生活
在丛林里的
归属感

我有一屋子的植物，它们每一棵都是我的心肝宝贝，是我回家的惦念，归心似箭的原动力。我与植物们融洽相处，我负责照顾它们的起居日常，它们回馈于我花容月貌与平和的心态，让我与自然建立沟通的桥梁，审视生命的意义，感悟生活的充实。

　　是什么让冰冷的房子变成了家？是归属感。人的一生可能要居住很多个地方，有宿舍、宾馆、出租屋、房车、桥洞下、地铁站……也许后面两个地方你不会去住，但如果你能给这些地方统统赋予归属感，它就可以成为我们的家。

　　归属感会随着时间的推移变得越来越强烈。你的个人习惯、兴趣爱好、风格偏向会慢慢地注入到这个家，家也在慢慢呼吸、成长，一点点地吸收你赋予它的元素，不知不觉和你建立默契感、熟悉度。所以，经常会有人说家越住越舒服，厨房越用越顺手，就是这个道理。

　　这些习惯、爱好、风格是很个人化的东西，是对生活的累积，是根据你走过的路，看过的风景，读过的书、遇到的人所积攒出来的一种综合映射，也是一种审美的养成。

　　我是那种下班回家都要用跑的人，心急地想快一点回到家。当楼道里电梯运转发出声音，我知道我的狗狗一定听到了，肯定按捺不住兴奋地开始躁动。按下指纹开门、换鞋的那一刻，我感觉到了我真正属于的地方，那种松弛、舒心的状态让这个空间与世界上的其他空间都区别开来。

　　热爱大自然的人，干净有节制的人，摩登又时髦的人，文雅书卷气的人，每一种人让家变得有质感的方式肯定是不同的。而我属于第一种人，是个

情迷大自然的"粗人"。

　　我的家说不上来是什么风格，也没有往哪个风格上去靠，一切都是按照自己喜欢的原则来做选择——喜欢原木的质朴，所以家具都是原木色的，再加上一些法式乡村的风化白，这种自然做旧恰如其分地带出时光感。家里的阳光房较多，采光还不错，所以选择了偏深色的中性灰做墙面，给其他装饰做一个深沉的背景。由于自己喜欢园艺和花草，所以室内绿植布置的比例也比较多，而露台花园更是我的游乐场。

　　露台花园是这个家里我最喜欢的地方。花园虽说是一个室外空间，但是要把它当作室内房间一样去考虑，一切都要根据自己的需求来制定。我的露台花园因地制宜地采用花坛加卡座、吧台的设计，不仅可以用作日常休闲，朋友多的时候也可以在户外开派对。我使用了很多灯饰，晚上也能很好地营造气氛，甚至还安装了单杠，可在户外健身。看着自己动手刷漆的花坛、打磨并上油的木地板、悉心照顾的花草欣欣向荣，满满的成就感油然而生。

在盛花季节，露台承包了室内所有的插花。种植的香草完全能够保证供应厨房的使用。没时间去健身房，就在露台上拉几组引体向上，再来场户外瑜伽。在这里不管是满手泥土的劳作，还是惬意的喝茶聊天，对我来说都是极大的放松。

室内有一个专门为室内植物打造的温室，还有专门用来育苗的一块区域。略带粗糙的小白砖作为墙面底色，映衬着各种各样在野外不可能彼此见面的植物。穿梭于大小不一的叶片中浇水施肥，经常让我有一种生活在丛林里的错觉。

在家里的其他空间，植物的搭配

也是随处可见。厨房窗台上有可爱的小盆栽，自己动手制作的植物吊篮，让不需要水的空气凤梨来做装饰摆件，用自栽的花做成植物标本来留念……每个植物都有自己的故事，而我只想好好地养着它们。偶有不堪重负死掉的植物，我也会心疼地感谢它们曾经装点过我的家。如果可以，一定会留下枝干什么的，想办法改造另做他用。

关于植物的选择和搭配，我倒是有几点简单的原则想与大家一同分享，都是些个人经验所得，希望有所帮助。

首先，植物要以养活、养茂盛为重。我知道趣味盎然的珍奇植物更吸引人，但一盆枝叶繁茂且姿态优美的橡皮树，

比一盆半死不活的昂贵品种要更能吸引人的眼球。其二，若想在家里面做植物角，可以从叶片的质感、颜色和形状上的对比去考虑搭配，比如叶片小而柔软飘逸的铁线蕨搭配叶片宽大厚实有光泽的鸟巢蕨。其三，与追求叶片差异化相反，花盆则应该尽量选择相近的风格，比如都统一成红陶盆或者编织的自然风格。如果一个是粗犷的水泥盆，另一个是光滑的陶瓷釉面盆，看上去可能就没有那么协调了。最后，也是最为重要的一点：植物是生命，是生命就有需求。在植物状态不佳的时候希望大家能多查资料，多学习，帮助它们渡过难关，它们也在努力地想要活下去。植物大部分的死亡都是由于主人的遗忘或忽视引起的，尽量满足它们的需求，它们的回报也会超乎你的预料。

在家里养绿植，也许是生活在水泥森林里的我们与大自然最容易建立起来的连接了。在有植物的空间里能真正地感受到放松和疗愈。每当我坐在书桌前四处张望，冬日和煦的阳光洒在天堂鸟油绿的大叶片上，桌上的竹芋在慢慢地舒展开新叶，那是生命在呼吸，希望这些植物和我一样，对这个家充满归属感。感谢这一切发生在我家里，每一刻都值得感动。🌼

无创意，不花园
——
植物凹造型
——

文/图·锈孩子

都云"断舍离"，我道"续取合"。旧货甚至垃圾或功能单一的物件，被重新上岗或拓展用途，与花草合并，会打造出怎样意想不到的花园景致？

旧热水瓶竹壳空凤沸腾

女巫帽子上的插花

兔子围脖

蒜头头绳

旧竹筷筒里空凤优雅

创意一：空气凤梨系列

　　全地球花友都知道空凤是阳台窗台族必备。极少病虫害，不用土栽水培，明亮散射光即可，在室内一样长得好且开花，平素管理仅喷水或泡水即可。我在江南地区，只选冬季零度以上可生存的空凤。栽培空气凤梨八年，从未买过用过主流的空凤架，也由此摆脱了对栽培盆器的依赖，朋友遗弃的废弃竹筷筒、捡来的热水瓶竹壳、穿破的鞋、有趣的小容器皆可是它的安身之所；断掉的仿真花枝弯成圆环，内里吊上"花事日志"小本子，环周放置空凤，挂在窗上；小阳台无闲物，装饰摆件利用起来：一根鱼线，至多再来点蓝丁胶，空凤就成了兔子的围脖、蒜头摆件的头绳、女巫帽上的插花……我不用空凤专用胶，粘得太死，随着空凤长大，就会与某些载体不再协调，需取下另做安排。

二手瓷质口红架，现在是空凤架，摆到哪儿都是颜值担当。

铁艺摆件上，有父亲记录我童年栽培经历的日记，其上的小花瓶磁吸里，是繁殖的小空凤。

三只废弃鸟巢，放进小矮柜上的白色喂鸟盘中，便是空凤新家。喂鸟器边上有二手瓷质手形的口红架，用来托空凤。后边原本是一只贴有英文的残次铁艺摆件，撕掉不相干的英文字，把父亲二十几年前写的一页日记——关于我童年栽培的绿植的成长过程，以用过的A4纸的反面复印，剪取开头一段贴上，将用剩的水性漆稀释涂刷；干后，右上角放上很小只的白色花瓶磁吸，里面摆上阳台空凤繁殖的"宝宝"。

窗前空凤与玻璃的交响乐章

　　一段古典乐和斜射入窗的阳光，刹那让我有了灵感：用收集的各类玻璃器皿，如农家弃用的旧油灯、吃完的橄榄油瓶、喝完的饮料瓶、过气的酒杯，洗净，与淘来的瑕疵外贸货高低交错一字摆开，间有少量纯白色器具，搭就"空凤别墅区"。玻璃的晶莹通透质感，使得窗前风光仙气空灵。配上高低起伏的各类空凤，好似音符跃动，竟在窄窄的空间生成一种带乐感的诗意。紧靠窗前，是装修工丢弃的木质操作台，别浪费，也拿来摆上空凤吧。

空凤项链材料

空凤精灵　　透明弹力线　　引线　　草珠子
　　　　　　　　　　　　花托隔片

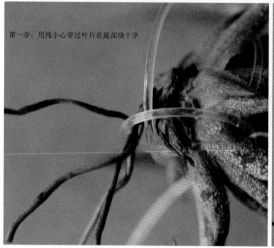

第一步：用线小心穿过叶片在底部绕十字

第二步：将根和线一同穿过花托隔片，剪除多余的根

第三步：用引线将草珠子穿入弹力线中，直至到需要的长度，打结，剪去多余的线。

　　空凤项链，是我的得意之作：既然空凤在生存空间上相对自在，能否让它动起来呢？这就有了做成随身佩戴的饰物伴我行走的动念。用店家赠送的精灵空凤一只，尽量取下部有根的，方便固定；一段穿手串用的最细的透明弹力线（鱼线亦可）和引线、925银花托隔片一只（最好是三通，但手头仅有隔片，注意一定要不怕水的材质），洞口不可过宽或过小，以线和根都能穿过且略紧为宜。将线穿绕在空凤下部的叶片间，并在底部十字交叉后，与根一同穿入花托隔片，再将我自己种的草珠子——穿过弹力线，到合适的长度打结即告完成。将两种我亲手栽培的生命结合在一起，做成的这条独家拥有的空凤项链，曾多次伴我出行，坐过高铁，当算最见多识广的空凤。我也因它，成为路上最靓的那个人。触类旁通，以后还可做系列的空凤饰物，配件尽量取之于自家栽培或身边的自然，打造行走的花园。

创意二：童话剧场系列

　　并不全因不喜欢雷同撞款的花园修饰，更在于想打造符合我"老儿童"性情的花园，所以我收集的小物从不在展柜里中规中矩地躺着，而是出没于花园，与花草互动，令花园到处有童话。这里截取几幕片段——

　　不知是谁的信封拆开良久，静静挂在花架上，已滋生出空凤。一只猫悄悄爬到信封上，抬头仰视，警觉地发现了什么；花架最上方，一只小老鼠正贼溜溜地沿着边框一路小跑，等等，前方发生了什么？只见花架顶端最中间，颠茄精灵在拼命裸奔，常春藤适时垂下藤蔓作梯。只有蘑菇精灵最惬意，卧在右下方网格的角落处酣睡正香。

阳台花园中部的小木桌上，有一种不知高寿几何的芦荟，叶小，许多茎已近一米长，七扭八旋，如妖精手臂，其中一条还死死挽住旁边花推车的扶手。同样体态细长的护树罗锅看中这里，站了许久，手里举着枝状的空凤，不知暗示着什么。小木桌最中间，有一方高耸的用红酒木盒改做的支架，木盒微微打开，里面有一位孤独的花仙子若有所思，抱着一束花园主赠送给她的野生植物果实。木盒顶是花园中部的至高点，花园主喜欢让开蓝色花的苦苣苔科植物在此亮相。但常可以看到，一只受委屈的蘑菇精不知所措地尬立在舞台一侧。

创意三：花园标牌系列

崔健的一首《花房姑娘》，我从小姑娘年纪一直爱到中年，以至于为自己的花园起名，张口就来：锈孩子的花房。"花房"二字，也点出阳台花园较为封闭的空间特点。冬季，南窗全关时，花园真成了花房。既然有了名字，就得做标牌挂出来。用材必须和自己的园艺活动有关，必须利用旧物。

铃铛上绑着蝴蝶结的圣诞节图案击中了我。正好，阳台曾经用过一条有点残的白色旧窗帘绑带，扎成蝴蝶结挂在显眼处做装饰。干脆，就在它下面挂个我种的葫芦取代铃铛。选了我栽培的最大的葫芦，因已有虫眼，也因为喜欢白色，就用刷阳台所剩的白色水性漆周身涂抹。最后，请家父用绿颜料御笔亲题——锈孩子的花房。再用园艺包塑金属绑扎带这种便于塑形的材料，缝在已系成蝴蝶结的旧窗帘绑带里侧边沿，在挂起后，整理成想要的形状。经过一番调整捯饬，终于，我的阳台有了属于自己的标牌。愿国人的吉物、我自己种的葫芦，护我花房，四季锦绣，万年长青。🀄

简约几何

独特的花器反而适合用简单的方式
去呈现花艺的设计。

花材：小丽花 1 支、茵芋 1 支、矢车菊 2 支、马利筋 1 支、康乃馨 1 支

步骤：

1. 准备一套形制独特的花器，并以不等边三角形的布局放置。
2. 在其中一个花器中放入一支康乃馨。
3. 修剪一支小丽花，并插入另一只花器。
4. 继续加入矢车菊。
5. 为了使整个造型有上下间的层次感，在较高的矢车菊周围增加马利筋。
6. 最后用茵芋点缀，雾状的质感既能增加作品空间，亦可丰富色彩层次。
7. 作品完成，当窗外一束暖光投射进来，正好落在通透的玻璃花器上，
   此刻的宁静感瞬间升华。

—— 作品配色 ——

繁花入梦

窗外的花园繁花开尽，凋零的花瓣缓缓落下，
既是结束，亦是崭新的开始。

作品配色

花材：大丽花 2 支、银桦 5 支、海芋 4 支、三角尤加利 1 支、康乃馨 2 支、
芒草 1 支、茴芋 2 支、杜鹃叶 3 支、花毛茛 6 支、袋鼠爪 3 支、
芦荻 1 支、北美冬青 1 支

花艺师介绍　曹雪

80 后 "时尚派" 花艺设
计师、花田小憩 – 植物
美学生活平台创始人、
美国花艺学院认证教授、
国内众多先锋派花艺师
的导师、众多明星名人
婚礼派对和宴会活动的
设计者，被誉为 "当代
花艺界的魔术师"。

步骤：

1. 将削好的湿花泥铺入花器内，花泥的高度要略高于花器。
2. 以组群的方式加入大丽花、海芋和康乃馨，搭建作品的框架，部分花材
　需要刻意压低后插入。
3. 利用副花材丰富作品的空白区域，插制时，花材种类丰富，能轻松营造
　出高低层次。
4. 将花毛茛以不等边三角形方式插入花泥内，并与其他块状花材一起共同
　营造错落的层次。
5. 加入北美冬青，使其呈现 "直立生长" 的姿态，并用银桦果丰富造型质感。
6. 最后用芒草、芦荻等雾状花材补入作品，自然点缀。
7. 形态各异的花儿散发出动人的光彩，是生活的惬意憧憬。🌸

飘香家常枣糕

文／图 · 海螺姐姐

枣糕原是清朝宫廷的御用糕点，入口丝甜，人见人爱。掌握制作的诀窍就能自己在家做来吃，与家人分享健康美味的糕点，且自制的枣糕要比外面买来的做得精细，口感也可因人而异稍作调整。

家常枣糕

配料

枣子200g、鸡蛋8个、低筋面粉100g、红糖60~100g（因个人喜好）、油（玉米油、葵花油）70ml、牛奶60ml、盐1g、柠檬汁少许、白糖50~80g（因个人口味）、12寸方形烤盘（实底，如用活底烤盘则要用锡纸包裹严实，防止进水）

做法

1. 先做枣泥：把枣子洗净，核去掉，用水煮软（蒸也可以），捞出，放入搅拌器打成茸状，再用一个细网容器和勺来回研磨，把枣皮过滤掉（也可直接放细网上研磨），趁热往枣泥里加入红糖，搅拌至红糖融化（若温度不够，红糖不易融化，可以稍微蒸一下）。
2. 将鸡蛋里的蛋清和蛋黄分开备用，面粉过筛。
3. 做蛋黄糊：
   a. 用一个小奶锅，把油加热（锅底起泡即可），倒入面粉里，搅拌均匀。
   b. 倒入牛奶，搅拌均匀。
   c. 倒入枣泥、蛋黄，搅拌均匀。

4. 做蛋白液：往蛋清里放入几滴柠檬汁和盐，用打蛋器打发至大泡，倒入 1/3 白糖，打发至小泡再倒入 1/3 量，打发至细腻发白；至此把剩余的白糖全部倒入，继续打发直至湿性至干性发泡，用打蛋器拉起时有一个小弯钩，盆里蛋体呈现明显纹路不会消失即可。

5. 把 1/3 的蛋白液倒入蛋黄糊，翻拌均匀，再倒回 2/3 的蛋白液里，划十字翻拌均匀。蛋糕糊做成。

6. 把烤盘弄湿，把油纸剪成合适大小，平铺于烤盘底及四周。倒入蛋糕糊，抹平，从高处震几下震出气泡，表面喷水（烤出的蛋糕表面平整），撒芝麻。

7. 将烤箱预热至 150℃，放入一个大烤盘，注入凉水，再放入盛蛋糕糊的烤盘。烘烤大约 1 小时，中途（30 分钟左右）蛋糕表面上色，用锡纸覆盖表面继续烘烤，1 小时候左右用牙签扎进蛋糕中间取出，若牙签上很干净，没有附着蛋糕液即表示完全烤熟。

8. 把蛋糕从烤盘里取出，稍微放凉即可食用。密封存放，隔天食用口感更佳。🌸

枣糕的营养价值

含有维生素C、蛋白质、钙、铁等营养成分，补脾和胃，
益气生津，护肝脏，增肌力，为美容养颜之佳品。

Tips

1. 油加热的温度不能过高，锅底部冒小泡即可。
2. 面粉里要依次放入油、牛奶、枣泥、蛋黄，
   顺序弄反了，蛋黄就会被烫成蛋花。
3. 蛋白不用打发至完全干性发泡，这样蛋糕成
   品的口感才显得滋润。
4. 蛋糕进烤箱前薄薄地喷一层水，可让烘烤出
   的成品表面光滑。
5. 烤盘用实底的，如果用活底，底部记得包裹
   锡纸，防止进水。

我和我的花园「毛孩子」们

文/图·猫猫

对毛孩子的热爱，就像流淌在身体里的血液一样，与生俱来；而花园，又成了我和更多毛孩子们联系的纽带，让我日日和它们相处，彼此牵挂，又彼此慰藉。

从小我就喜欢狗，从有记忆开始，家里一直都是养狗的。但是那时候，狗更多的只是用来看门，我虽然喜欢它们，却也从没想过它们的处境是否合理，它们遭受的对待是否正常。因为农村的狗，大都是这样，一根铁链拴着，一生都用来看门。也许一辈子，都没走出过那个院门。那时候，都是理所当然地觉得那就是一条狗的宿命。是的，那时候，我并不是真正的爱狗，充其量只是喜欢而已。

这种感觉，在我自己成家养狗之后，就彻底改变了。我才发现，狗就跟孩子一样，需要更多的自由和陪伴。养一条狗，绝不是每天给它喂几次饭那么简单。要陪它玩儿，带它出去遛弯，带它出去奔跑，让它去寻找自己的伙伴儿。养狗的日子越长，越明白其中的责任重大。

然而，因为忙于工作，忙于照料花园，依然会疏忽我的狗狗。2012年1月，我收养了小雪纳瑞多里，后来因为觉得它太孤单，又从流浪狗收容所收养了布丁。它们一起，陪伴着我，从那个带阁楼的顶楼阳台，到一年后我有了属于自己的花园。原本以为，有了花园，狗狗会更幸福，因为有了更多的活动空间。我也经常会带它们在花园里玩儿，它们给我的生活带来了更多的乐趣。但是爱花如命的我，把更多的时间都奉献给了我的花园。经常都是天黑不能干活之后，我才会回屋带它们出去，对它们也疏于照顾。这也造成了2018年的1月，我的多里身染重疾，我却没能及时发现，等觉察到的时候已经无力回天。陪伴了我六年的多里离开了我。这是我特别不能原谅自己的。每每碰触，都忍不住热泪盈眶。

后来，朋友又给我送来了一只小雪纳瑞，为纪念多里，我给她起名：哈里。从此，狗狗在我的生活里，从花园之后，变成了花园之前。每次都是照顾好狗狗以后，我才会去花园劳作。

2017年11月，花园迎来了一位新客人：一只通体乌黑发亮的大黑猫，我叫它"黑猫警长"。警长一点都不怕人，在花园里喂了几次之后，它就黏着我了。每次在花园劳作，它都会守在身边，在我脚边蹭来蹭去，温柔体贴得仿佛能把人融化了。两个多月里，它每天都会出现在我的花园里，有时候感觉它就在那里等着我。我从来没养过猫，心里一直忌惮猫那锋利的爪子，所以从没

动过养猫的心思。黑猫警长也不例外，虽然它好多次坐在阳台入户门前冲我喵喵叫，甚至几次想硬挤进来，都被我阻止了。但是造化弄人，在冬日里最寒冷的一天晚上，我照例出去喂它，摸它的时候意外发现它浑身都湿透了。可能是去找水喝，不小心掉水池里了。那么寒冷的夜晚，遭遇大降温，滴水成冰，这一晚它还不得冻死了？没办法，只好把它弄回了家。

黑猫警长进屋后，经历了和我家的三个狗娃剑拔弩张的一段时间。小狗还好，对它其实还是很热情很喜欢的，但是上了年纪的布丁不行，对它充满了敌意。在我严厉管教下，加上狗狗天生就不是猫的对手，打过几次之后，狗狗们就默认了它的存在，开始和平相处了。黑猫警长彻底颠覆了我以往对猫的认知，它的优雅、自律、谜一般对我的迷恋，深深地吸引了我，很快就俘虏了我和老公的心。它生活习惯非常好，从来不在家里方便，想出去的时候就会跑到门边，冲我喵喵叫，让我给它开门。然后在外面方便完了，玩够了，就会跑回阳台守着，等我给它开门。几乎每天早上起来，它都在外面等我。每天晚上睡觉之前，我都会出去唤它回来。如果它在，这一夜我就会睡得特别踏实，因为它在家就不会受冻了。如果哪天它没回来，我就会坐卧不宁，有时候半夜我听见叫声，都会不顾寒冷起来给它开门。

黑猫警长回报我的，是它更多的依恋。它总是愿意靠着我，喜欢趁我睡着的时候，偷偷睡我身上，打着呼噜，那么的满足。早上我一开门，它也一定在门边等着我，喵叫着，不停地蹭着我。在小区里遇到它的时候，不论多远，我唤它，它都会一路小跑地跟着我回家。对我而言，这只大猫真的是太神奇了，我总觉得，它前世一定跟我有缘。

转眼之间，黑猫警长已经来到花园两年多了，这两年多里，它忠实地守护着花园，或是为了争地盘或是为了求偶争风吃醋，它经常带着伤回来。我看着心痛，一面担惊受怕，一面给它上药护理，却也明白那是它的世界，我只是它生命中的一个短暂停留。所以我从来没想过把它禁锢在自己的小天地里，它是自由的。

自从收留了黑猫警长之后，我一直会在花园的固定地点放猫粮。花园里的猫也越来越多起来。2019年春天，花园又来了小小黑，看着它从最初的警觉不肯让我靠近，到后来在我面前撒娇翻着肚皮让我摸；看着它肚子一天天大起来，到后来带回来两只小猫；然后又看着它陪着小猫在我的花园里玩耍、长大；看着它和疑似老公大橘天天在我的花园里卿卿我我；看着它一次次出去捕老鼠带回来给它的孩子们，最后却是我来收拾残局，对着它的猎物一声声道"对不起"，然后掩

埋它们的残躯……后来有一天，花园来了一只新的猫妈妈，还带着它的八个孩子，小小黑忽然消失了，再也没有回来过。它的孩子，一只漂亮的小三花，在花园里留下了很多照片。

在2019年里，我还救助过眼睛被抓伤的大橘，在宠物医院住了二十多天才接回来。回来后一直在花园里，天天守着阳台，特别黏我，却也没能收留进屋。在坚持守候了一段时间之后，终于还是失望地离开了。还有一只被猫妈妈带来的小猫，患有先天性膈疝，腹腔的脏器跑到胸腔里，压迫胸腔的器官，导致呼吸困难而发育迟缓，比同龄的毛孩子要小很多，而且有生命危险。送到宠物医院，做了手术，花了很多钱。但是我一定要救它，我不能眼睁睁看着它就这样在我面前死去。住了好多天院，恢复得很好。回来后依然放养在花园，看着它一天天长大，一天天强壮起来。

我还做了"狗奶奶狗姥姥"，家里的两只小狗没有住好卜了，于是给我生了四个乌黑发亮的小黑豆。我伺候它们一天天长大，然后在要送人的时候哭肿了双眼。

如今，我的家里有四只狗狗，还有黑猫警长。花园里，还有铁打的营盘流水的猫猫……

我希望，我的毛孩子们都好好的，也希望，我曾经收留过的猫猫们，有空的时候，能回来看看我。🔅

冬去春来

经历过冬的严酷，春天才会变得更可爱。

文 · 阿桑
摄影 · 纪菇凉
花艺造型 · 阿桑和南京春夏农场团队
场地支持 · 南京春夏农场、广西涠洲岛方岛

月季、大丽花、三色堇、飞燕草布置的鲜花餐桌

经历过南京阴雨连绵的冬天，处于绝望与呐喊中的不止是花草植物，还有生活在农场的我们。

即便我们可以围在一起烤火烤肉吃饺子，回到有中式味道的餐桌上，甚至邀约外地的好朋友们来农场一块过冬节，吃萝卜、办音乐会。可是所有人都急切地盼着农场的春再次来临。因为春的来临不止意味着可以规划新田地，肆意撒播花种，还有，可以等着春天的一切。

盼春风，盼春雨，盼春花，盼枯萎的大地从润雨中一夜之间全部苏醒过来。

走到哪里都不忘餐桌美学的老本行，这是在海岛上就近取材用热带水果打造的餐桌。

是的，全部。

回想起 2018 年下半年接管农场，恰逢在无比萧条的冬日，但由于 12 月在温室里提前种下很多好看的月季。于是雪后的某一天突然发现，温室里的花已经开了。随手摘了些眼见可能就要开全的花骨朵，三三两两，插进水壶里，走向湖边，就在那一刻，打心底里觉得春天真的值得等待。春天的我们又"富裕"起来，有使不完的素材，田野里遍地是宝。脑海里闪现出英国亲民园艺家"蒙叔"（Monty Don）一年又一年在《园艺世界》里对春天的开场白，从未改变："Spring is coming！"（春天来了）。

是的，春天来了，接管了眼前看到的所有枯败，破土而出的是周而复始的希望。农场就叫"春夏农场"吧。这是一份值得等待的希望。

海边是读书的好地方，择一处"座位"，让大海伴读。

等待落日

　　1月，我带着春夏农场的姑娘们去广西涠洲岛探索海岛野餐项目。大概是被南京的冬天困扰太久，又一下子按下了快进键，下船后的大家都跟"化冻"似的，可撒欢了。岛上随处可见热带植物，在落日的海边背景下信手拈来就是一席好看的海边野餐。住在躺床上就可以透过屋顶看见满天星星的民宿里，每天骑着小电车环岛追落日，吃海鲜，去山边海边把玩各种花样的野餐，每天的日子过得不亚于神仙。然而大概一周过去，大家竟说想念冬天的农场了。我惊讶于从新鲜到念旧的距离竟如此之短暂。经历过冬才更盼春，正如四季变化起伏才令人为之着迷一样，或许经历过绝望的等待，希望才会变得更甜，更加急切。

　　如此，春天来吧。🌼

几根枯树枝搭成的小房子

Tips 涠洲岛小常识

涠洲岛，地处广西北海，是我国最大也是最年轻的火山岛。涠洲岛
海岸线沙质柔软，海洋资源丰富，景色宜人，从一个渔村发展成今
天以旅游业为主的海岛。岛上常年四季如春，植物多以仙人掌类、
火龙果、琴叶榕、三角梅等热带植物为主。

人人都是园艺师——5月英国花园游指南

文／图·玛格丽特－颜

人生总会有很多遗憾，然而有些遗憾，如果你没有去过或经历过，就根本不知道自己曾错过些什么。我很幸运，来到了英国，看到切尔西花展，看到邱园、威斯利花园，看到了BBC节目里许多大大小小的花园和花境，也看到了花园旅行家蔡丸子所拍所写，让我心生无限向往的那些私家开放花园。

我的英国花园游是跟团游，有领队和导游，由花园旅行家蔡丸子设计路线。从上海出发，到伦敦汇合，一路全部有安排，行程住宿相关都不用自己操心。你只需要带着眼睛看花园，带着相机拍花园。所以，连路上前后10天9晚的行程，我们一共看了近20个花园和植物园，也有幸在第一天的会员日去了切尔西花展——号称园艺界的奥斯卡盛典。

Borde Hill Lane

第一站·切尔西花展
RHS Chelsea Flower Show

M&G Garden

切尔西花展每年5月在伦敦市区举行，需要提前很久预约门票，不是到了门口就能买票进去的。另外，你需要穿平底鞋，准备好相机，因为一天的时间你根本看不过来，尽可能多拍些照片，留着回去以后好好学，你会发现很多现场没有注意到的收获。

如果能提前做功课那就更好了，早在11月份的时候，2020切尔西花展就公布了今年的花园设计重点：全球气候变暖以及可持续发展问题，传达城市设计规划和可持续性实践活动中，人与自然的和谐相处这一重要理念，并介绍其中的八座展示花园（Show Garden）、六座城市花园（Urban Garden）和四座工匠花园（Artisan Garden）。

你可以在入口处免费领取一张花展的地图，上面会标注各个花园的位置。不过得奖的花园通常人山人海，即便我们是趁着人最少的第一天会员日去的。时间有限，建议跳过那些需要花很长时间排队的花园，乡村风格和设计师风格的小花园会给你带来更多布置花园的灵感。

如果想要做园艺相关的事业，切尔西花展更是不容错过。各种园艺植物和相关产品、室内室外的供应商都是精挑细选出来最优质的。不妨留取介绍的小册子或者名片。

邱园 – 红房子后面的香草花园

邱园南角的日式庭院和中国宝塔

邱园，创立至今已有两百多年历史，规模也从当初的 3.5 公顷发展至现在的约 120 公顷，是最值得去的 RHS 花园（皇家园艺协会会员免费）。它位于伦敦西南部泰晤士河畔，拥有世界上数量最多、种类最多的植物学、真菌学收藏，其所包含的植物种类高达五万余种，占到世界上已知植物种类的七分之一。

走进邱园，你将看到几百年的大树遒劲舒展，自然中带着岁月的痕迹；葱绿敞豁的草坪上星星点点的雏菊小花；那些原本长在云南川西深山里的杜鹃花，一簇簇开满了花，早已适应英国当地的气候。温室里那些来自世界各地的神奇植物，看到它们自然就理解了几百年来为什么植物猎人们会为之痴狂。

植物园中最显眼的要数两座大型玻璃温室——棕榈屋（Palm House）和温带植物室（Temperate House）。棕榈屋分为美洲、非洲和澳洲展区，展出近一千种热带地区的植物，包括棉花、香蕉、咖啡等经济作物。为了方便游客观察棕榈树冠，室内还设置了高达 9 米的步行道。占地面积是棕榈屋两倍之多的温带植物屋玻璃温室，是邱园中最大的温室，也是世界上现存最大的维多利亚时期的玻璃建筑，包含了 1666 种亚热带和暖温带植物。2018 年 5 月，

1. 攀援在墙上的美洲茶
2. 邱园。高山植物园
3. 伦敦街头的花境
4. 邱园。中央花境

这座温室才又重新开放。

邱园的中央花境堪称教科书般的存在，四季风景不同，也是国内园艺师学习花境必至之处。花境的每个版块都配有专门的设计图，能清楚地看出区域的划分和植物的品种。在中央花境旁能看到由 Wolfgang Buttress 设计的蜂巢（The Hive），这是 2015 年米兰世博会英国馆金奖得主的建筑雕塑结构，后移至此地搭配粉紫色系的野花山坡，成为邱园又一个著名景观。当你走进装置中，四周会响起蜜蜂飞舞时的嗡嗡声，LED 灯也会随之渐次闪烁，这一切都是由邱园中真实的蜜蜂活动所触发的情景。

最后，你一定要去趟威尔士公主温室旁的 Rock Garden（岩石花园）。除了丰富的植被层次，它也让有助于你理解在恶劣生存环境下的高山植被。园艺师们仿照自然条件营造特色的高山岩石植物景观。

伦敦市区其他推荐：伦敦的公共花园非常多，多数景点附带壮观的花园，如摄政公园、圣詹姆斯公园、肯辛顿宫、格林公园、海德公园等等，公共绿化景观布置一直是这个城市的精粹。

第三站·威斯利花园
RHS Garden, Wisley

1	
2	3

1. 威斯利花园
2. 威斯利花园 – 岩石花园
3. 威斯利花园 – 灌木花园

　　参观威斯利花园，你一定要去它的高山杜鹃园，在这里杜鹃和大树灌木混植，就像走进开满杜鹃花的深山丛林，惹得人们为这些几乎长成大树的杜鹃喝彩。

　　这里的岩石园和邱园的不同，依着山坡的地势，景观层次更为丰富。

　　威斯利花园里的花境和几个主题花园，都是国内园艺爱好者学习的最佳去处。七亩园是我非常喜欢的一处，

开敞的草坪、幽静的池塘、周围是茂密的树林，园林式的种植形式配置植物群落，让人感受到更精致的大自然之美。回到入口处靠近池塘的位置，有一处以灌木为主的小花园在傍晚的阳光下熠熠生辉，极美。

　　在这里你也可以欣赏到墙上的美洲紫藤，外侧过道搭配围墙、紫藤、牡丹，狭长空间高低错落的花境布置。

第四站：牛津大学植物园
Oxford Botanic Garden and Arboretum

　　牛津植物园是全英国最古老的植物园，在这你会看到包括哈利波特小说里提到过的曼德拉草等各种稀奇古怪的植物。

　　后面的睡莲池和两侧大面积观赏草搭配宿根草本植物的组合花境，点式的种植和对称的"镜面"效果，非常值得学习。

第五站·对公共开放的私家花园
Open Gardens

作为一名花园爱好者，特别期待去看英格兰的私家花园，最直接感受生活中的花园是怎样的，对于花园的设计理念也值得学习和借鉴。这些私家花园每年只在特定时间才能对外开放，如果是自己去，就必须做好充分的攻略，有的还需要提前预约、租车，适应英国的右舵驾驶习惯。好处是可

Hidcot

刚来到入口就会被门口罩住整个房子的紫藤和爬满整面墙的铁线莲所迷住，其实里面分割成小区域的花园花境更加令人惊叹。

Barnsley House

　　这家主人的母亲曾经是查尔斯王子的首席园艺顾问，据说尔斯王子每年都会来住上几天。在此用餐或住宿，就算花上一整天时间徜徉也不够，当然还需要提前很久预约。

　　Barnsley House 花园面积并不大，一棵超美的灯台树，是整个花园的焦点。旁边还有一棵花叶马褂木，金链花道的两旁是蓝紫色草本植物为主的花境，蓝色的勿忘我搭配出挑的大花葱，美得就像在仙境。

Bibury

如果你热爱植物又喜欢花园，不去一趟英国真正地走进这些花园，你不会知道自己错过了怎样的美好。

以开车一路欣赏着英国美丽的乡村，就像蔡丸子形容的：那些绿草如茵的起伏平原，枝繁叶茂的参天古树，蜿蜒流淌的溪流，威严壮观的城堡，隐逸在绿林深处的乡村小屋，长满青苔的石块……没有一样不让你感动。

英国 Cotswolds 地区花园最值得推荐的有 Hidcote Manor Garden 和 Barnsley House，它们也是非常有代表性的私家花园。🌿

> 植物不张嘴，但从未停止对我们诉说。它们的语言，需要静心去聆听。
> 聆听得越多，越能体验到走进这片秘境的快感……

文·赵芳儿 图·玛格丽特—颜

亲爱的，我就在这里

植物，是上帝留给人类的一座绿色的宝藏。百草治百病，人得了病，这些花花草草仿佛都在告诉我们一句话："亲爱的，我就在这里，找到我就好啦。"

小时候住的村子里，父辈中有一位远近闻名的草药郎中，他经常背着药箱走乡串户。村里谁有个头疼脑热的，他都会耐心地告诉大家一些简单的土办法。姐姐小时候爱流鼻血，他说："扯把臭蒿子捣碎，塞在鼻子里"，果然一会儿就好；大伯便秘，他让去扯把大黄叶子，晾干了冲茶喝，大伯说很有效；淘气的堂弟有一次赤脚踩在玻璃渣上，血流不止，他从屋旁边随手摘了几片不知名的叶子，从叶子背面刮下一层褐色的粉，混合一些木炭粉，敷在伤口上，不到几分钟就止血了……

这是我最早见识到植物的神奇。

他家离我家不足一里地，院子里晒满了各种各样的药材。我们一群野孩子经常到他家院子晒草药的架子下捉迷藏，有时候也会好奇地问他："启明嗲（爷爷），这是什么呀，能治什么病呀？"他也会耐心地回答，这是麦冬根，败火，那是半夏，止呕……有一句话，至今让我难忘："百草治百病，人得了病，这些草呀花呀，都会告诉我们，'我就在这里呀，找我就好啦'。"

2010年，母亲因为肺癌永远地离开了我们。那段时间我常常坐在小区花园的长凳上发呆，周边是满园的花草，开花的开花，结果的结果，它们都像在对我说："亲爱的，我就在这里呀，找我就好啦"。是的，或许，治好我母亲的秘密就藏在这些花草里，只是我，不懂！

我是如此佩服那些能听懂植物的人！

中国最早尝试去听懂这句话的人，应该数"神农氏"。早在远古时代，人们生活茹毛饮血，人生病了，只能依靠自身的免疫力。慢慢地，人们发现了植物能抵抗疾病的秘密，各个不同部落的人都摸索出各种各样对自身有益的植物和方法，在汉代将此整理成为《神农本草经》，其作者后来被传说成了一个人，他就被叫做"神农氏"。《神农本草经》是古人聆听植物的结晶。

除了神农氏，从古至今，听懂这句话的有太多的中国名字被记录：轩辕黄帝，《皇帝内经》的传说作者；张仲景，《伤寒杂病论》著作者；葛洪，东晋医药学家，《肘后方》《抱朴子》的著作者；李时珍，明代医药学家，《本草纲目》著作者；伊尹、扁鹊、董奉、朱木肃、薛雪、陈实功、张璐、傅青主、吴鞠通……这些名字共同铸就了中国伟大的中医药系统，这是为全世界留下宝贵的财富。

调节心脏的药物地高辛和洋地黄毒苷从
洋地黄（*Digitalis purpurea*）中提取。

草本曼陀罗

　　中医发现了植物的功效，随着科学技术手段的不断发展，人们尝试用现代科技手段去探究植物为什么会有这样的功效。虽然对植物的了解仍然处在非常初级的阶段；虽然人们将植物学作为一门真正的学科的历史不到 200 年。但在这 200 年，植物已经给予人类意想不到的丰厚回报，而那些尝试去听懂植物语言的科学家，也得到了植物默默的奖赏和回应。那些诺贝尔奖杯，就是最好的见证。

　　罗伯特·鲁宾逊（Robert Robinson），1947 年的诺贝尔化学奖获得者，他致力于植物生物碱的研究。在他的诺贝尔奖颁奖词上突出强调的是："他对具有重要生物活性的植物产品，尤其是在生物碱的研究方面做出了重要贡献。"

　　生物碱是植物为了应对病害和草食性动物的侵害，自身合成的化合物。中药之所以能治病，是因为其中所含有不同的化学成分。具体的化学成分非常复杂，小则数种，多者可达数十种，很多中药的化学成分至今还未明了。但人们已经发现，生物碱常常具有各种生理活性，是植物中具有明显医疗作用的化学成分。香烟中的尼古丁、茶叶中的咖啡因、鸦片中的吗啡都是生物碱。生物碱共同的特征之一就是苦。俗话说，良药苦口，这主要是因为生物碱的味道是苦的。

　　罗伯特·鲁宾逊 1924 年测定出罂粟碱和尼古丁的结构，1925 年他又成功确定了吗啡的结构式。之后，他又对紫堇碱、毒扁豆碱、黄连素、长春碱、秋水仙碱等几十种天然生物碱进行了研究。这些生物碱很多都被制成了药物。

麻醉和防晕药东莨菪碱提取自洋金花（*Datura metel*），也叫曼陀罗。

1990 年的诺贝尔化学奖由美国哈佛大学艾里亚斯·詹姆斯·科里（Elias James Corey）荣获，他成功合成银杏内脂等天然化合物和药剂。

2015 年的诺贝尔生理学或医学奖颁给了中国药学家——屠呦呦，她发现了青蒿素。青蒿素是黄花蒿（*Artemisia annua*）茎叶中提取的活性物质，可以有效降低疟疾患者的死亡率，而且具有速效和低毒的特点，曾被世界卫生组织称为是"世界上唯一有效的疟疾治疗药物"……

据统计，美国市场上有 2.5% 的医药品含有植物提取物或来自高等植物的活性成分。来自 90 种植物的 119 种化合物已成为国家常用的重要药物，如众所周知的阿司匹林源于杨树（*Salix babylonica*）

树皮，止痛药吗啡分离自鸦片罂粟（*Papaversore somniferum*），麻醉和防晕药东莨菪碱提取自洋金花（*Datura metel*），调节心脏的药物地高辛和洋地黄毒苷从洋地黄（*Digitalis purpurea*）中提取，抗癌药紫杉醇是从红豆杉（*Taxus*）的树皮分离……

植物，真是上帝留给人类的一座绿色的宝藏！

如今，那位让我第一次领略到植物的神奇的郎中爷爷早已经去世。但每次与植物相处，他说的那句话就会萦绕在我耳边。随着科技的发展，相信我们会越来越容易听懂植物的这句话：

"亲爱的，我就在这里，找到我就好啦。"🌸

作者 赵芳儿

本名印芳，植物学硕士，现为中国林业出版社图书策划编辑。

播种育苗和养孩子

文/图 · 玛格丽特 l 颜

养花和养孩子，有很多相通的道理和逻辑。学会了养花，能摸索悟出很多养孩子的道理。把植物当孩子养，也一定能成为养花高手。

接连好些天阴雨，难得中午出会儿太阳，气温也有 10℃ 左右，赶紧把放在家里的一筐子角堇小苗搬到户外，打开薄膜，透气晒太阳。

下午起风了，天再次阴沉下来，温度也随之降低，我赶紧把苗端回家里，又盖上薄膜。

突然想到在两个女儿的婴儿时期，每天也是这样关注和忙碌着。

但凡阳光好，暖和无风的日子里，我一定会把婴儿床挪到窗前的阳台上，给她们晒太阳补钙，还要把孩子的手腕脚踝全部露出来，最好连脖子和小屁股也要晒到。

窗户需要打开着，不然隔离了紫外线就没有了效果。

待太阳偏走，温度刚刚有所下降，立刻关上窗户，把孩子的手脚保护起来。可千万不能冻着宝宝。

如今两个孩子长大了，体魄康健。是运动的缘故也好，我想大概晒太阳这招还是有一定效果的。

毕竟，万物生长靠太阳嘛。

养娃和养苗都是同样的道理。植物在幼苗期，不仅要保证温度和湿度，也需要逐步接受阳光的照射。如果老

野外路边的紫花地丁生命力旺盛。

小兔子角堇"太阳安琪"

是晒不到太阳，苗就徒长，还特别虚弱，嫩嫩的。然后稍稍一换环境，或者某一天太阳大了，它就蔫着，再也缓不过来了。

不像长大的苗，根系已经长大长强健，易于适应变化的环境，小苗的成长需要给它锻炼的机会，一点点适应自然环境，增加通风和光照，慢慢地它也会长大，也越来越强壮。

我有一个朋友，年纪很大才生的孩子，夫妻俩宝贝得要命。家里开着空调、加湿器、空气净化器，一岁之前除了打疫苗，几乎没带他出过门。

借口外面空气太脏，有雾霾，有病菌……可渐渐长大的孩子总归要出门的，偶尔带他去趟超市就感冒了，然后又是很久不敢再带出门。一连好几年，孩子生各种病，直到上小学前才慢慢调整过来。

自此我大概理解了什么叫"温室里的花朵"。

就像我们从花市买回来的很多大棚苗一样，只能在恰当的温湿度、肥水管理结合下，一直在温室里生长。在卖场里看着能开很多花，可买回来就不好了。非要适应一段时间才慢慢

地缓过来。（现在很多苗商在发苗之前会练苗，就是为让它们先有一段时间的环境适应。）

我这几盆小兔子角堇苗播种太晚才出芽，就开始降温了。

其实每年的 11 月下旬花市上就已经有开花的角堇苗在卖。角堇播种和生长的温度最好是在 15~25℃，一般在 9 月下旬 10 月初开始秋播。等降温的时候，小苗已经长得足够大足够健康，能逐步适应降温，安然地过冬。

为了这些小苗，今年特地早早地准备了暖棚，把它们安置进去。暖棚没有加温设备，夜里和没有阳光的日

子温度还是有些低。几乎大半个月过去了，还是没怎么见它们长大。播种用的土大概也有问题，沙子和珍珠岩混得有点多，影响了根系的生长。因此前天趁着种球根，赶紧给几棵角堇起苗、换土换盆，重新种上。

播种和小苗用细颗粒的泥炭为最佳，可以再混入一点蛭石增加保水性，混一点珍珠岩增加透气。刚移栽的小苗千万不要施肥，它们太娇弱，肥力吃不消。就像小婴儿的消化系统还很娇嫩，刚开始只能喝奶，四个月后逐渐增加果泥、蛋黄，之后再逐步增加蔬菜泥、米饭、肉类等辅食。你总不

能给刚出生的婴儿吃肉吧，这个道理大家谁都懂。

刚萌芽的小苗也一样不能施肥。移栽定植的小苗也太娇弱，不能施肥。

我的这几棵角堇苗也还太小，没到定植的时候，挖出来时只有一小条细细的根系。没办法，降温了，土质不适合，环境不适合，只能换盆重新来种。

换好盆后，我把这些小苗放进整理箱，盖上塑料薄膜，安置在开着空调的室内。给它们覆盖薄膜是为了保证一定的空气湿度，否则空调房里太干燥，嫩弱的小苗容易失水。当然，

还需要经常打开透透气，一直闷在里面，通风不够，小苗也会长得太弱。如果有机会，就像今天出太阳暖和了，尽可能地给它们晒晒太阳，哪怕一两个小时也是好的。

唉，我怎么想起早产儿的保温箱了！自己俨然就是个产科医生，给这几棵虚弱的小苗提前换盆定植，安置在类似育儿箱的盖膜整理箱里。

可不是，养花和养孩子，有很多相通的道理和逻辑呢。学会了养花，能摸索悟出很多养孩子的道理。同样，把植物当孩子养，也一定能成为养花高手。🅱

品牌合作 *Brand Cooperation*

 海蒂的花园
专注家庭园艺，主营欧洲月季、铁线莲、天竺葵、绣球等花卉的生产和销售，同时提供花园设计、管理等服务。

地址：海蒂的花园—成都市锦江区三圣乡东篱花木产业园
海蒂和嚕嚕的花园—成都市双流区彭镇

 北京和平之礼景观设计事务所
设计精致时尚个性化，造园匠心独运，打造生活与艺术兼顾的经典花园作品。

地址：北京市通州区北苑 155 号
扫码关注微信公众号

 东篱园艺
一朵花开的时间值得等待；一家用心的店值得关注
不止卖花还共享经验；一家不止有花的花苗店
花苗很壮店主很逗；卖的不止有花也有心情

扫码关注淘宝店铺

 园丁集
买高端花园资材就上园丁集。
由国内外优秀的花园资材商共同打造的线下花园实景共享体验平台。

地址：南京市雨花台区板桥弘阳装饰城管材堆场 1 号（6 号门旁）
电话：13601461897 / 叶子   扫码关注微信公众号

 马洋亭下槭树园
彩叶槭树种苗专业供应商

扫码关注淘宝店铺

 花信风
牧场新鲜牛粪完全有氧发酵，促进肥料吸收，抑制土传病害，改土效果极佳。淘宝搜索关键字"基质伴侣"即可。

扫码关注微信公众号

 海明园艺
种花从小苗开始 过程更美

扫码关注淘宝店铺

 祝庄园艺
常州市祝庄园艺有限公司
全自动化和智能化的生产与管理设备，国内最先进的花卉生产水平。每年有近 130 万盆（株）的各类高档观赏花卉从这里产出，远销全国各地。

扫码关注微信公众号

 克拉香草
专业培育种植香草，目前在售有薰衣草、迷迭香、百里香、鼠尾草、薄荷等 100 多种，从闻香、食用、手作到花园，香草都是最美的选择。养香草植物请认准克拉香草。

扫码关注淘宝店铺   微信公众号：克拉香草、香草志

  有园盆景园
盆景－用植物、山石、土、水等为材料经过艺术创作和园艺栽培集中地塑造大自然的优美景色，达到缩地成寸、小中见大的艺术效果。

地址：成都市温江区万春镇生态大道踏水段 2096 号
电话：13320992202 / 何江   扫码关注微信公众号

 嘉丁拿官方旗舰店
世界知名园林设备品牌德国嘉丁拿（GARDENA）致力于提供性能卓越一流的园艺设备和工具。

扫码关注淘宝店铺

 上海华绽
为私家花园业主提供专业的花园智能灌溉系统解决方案

扫码关注微信公众号

 【小虫草堂】
——中国食虫植物推广团队
国内最早，规模最大食虫植物全品类开发团队！拥有食虫植物品种资源 1000 余种（包含人工培育品种）。

官方网站：CHINESE-CP.COM   扫码关注淘宝店铺

 vipJr 青少年在线教育
600 多本绘本故事；明星老师上课；语数外每天学。

电话：18861296926
扫码关注微信公众号